AF810755

NEUBER/MEIN GROSSER TRAUM

Stocker

Gewidmet
meiner Frau Charlotte
sowie meinen Söhnen
Hubertus und Torsten

Günther Neuber

Mein großer Traum!

Jagen in drei Erdteilen

Leopold Stocker Verlag
Graz – Stuttgart

Umschlaggestaltung: Atelier Geyer, Judendorf – Straßengel

Umschlagfoto: Patrick Kastner, Wien

Die Deutsche Bibliothek – CIP-Einheitsaufnahme

Neuber, Günther:
Mein großer Traum! : Jagen in drei Erdteilen / Günther
Neuber. – Graz ; Stuttgart : Stocker, 1995
ISBN 3-7020-0713-X

ISBN 3-7020-0713-X
Alle Rechte der Verbreitung auch durch Film, Funk und Fernsehen, fotomechanische Wiedergabe, Tonträger jeder Art, auszugsweisen Nachdruck oder Einspeicherung und Rückgewinnung in Datenverarbeitungsanlagen aller Art, sind vorbehalten.
© Copyright by Leopold Stocker Verlag, Graz
Printed in Austria
Gesamtherstellung: Wiener Verlag, Himberg

Inhaltsverzeichnis

Statt eines Vorwortes

„Hundsgebell und Bussardschrei
und des Hifthorns jauchzend Klänge
sind mir schön're Melodei
als Spiel, Konzerte und Gesänge."

Jagdparadies Kurische Nehrung

Glühender Hochsommer im Norden Ostpreußens.

Mein Vater erhält zum 1. Juli die Oberförsterei Schwarzort auf der Kurischen Nehrung. Sein Traum geht in Erfüllung, denn jagdlich und landschaftlich ist es für ihn das interessanteste Revier im ganzen Memelland.

Meinen Bruder und mich interessieren in unserer neuen Heimat die Ställe für unsere Pferde, die Hundezwinger für unsere stattliche Hundemeute, vor allem aber Vaters neues Revier.

Nach dem Kaffee breitet er die Revierkarte aus und weist die Familie in sein neues geliebtes Reich ein.

Kurz zur Information: Im Diluvium, vor etwa einer Million Jahre, ging das Festland zwischen der Samlandküste und den Memelerhöhen in der Ostsee fast unter. Die hochgelegenen Teile der überschwemmten Landfläche bildeten das Gerippe für diesen Landstrich, der sich von Cranz bis nach Memel hinzog. Aus dieser Zeit der Überschwemmung stammen auch die Bernsteinablagerungen, die wir noch heute bei uns im Bernsteinhafen zwei Kilometer nördlich von Schwarzort finden.

Im Verlauf der Jahrtausende entstanden durch die Meeresströmung im Westen und die Schlammablagerungen der Memelmündung im Osten die Kurische Nehrung und das Kurische Haff.

Auf diesem neu entstandenen Landstrich wuchsen Wälder, die größtenteils aus Eichen und Kiefern bestanden. Daneben stockten Linden, Erlen und Ahorn, die dem Sturm, der von der Ostseeseite herkam, trotzten. Diesen geschlossenen Wald, der für Jahrtausende das Gleichgewicht der Natur erhielt, gab es bis zum Anfang des 16. Jahrhunderts. Erst der Mensch in seiner Unvernunft und Habgier störte diese Harmonie der Natur. Schon in der Zeit des Deutschen Ritterordens, vor etwa sechshundert Jahren, wurden für den Bau von Burgen große Holzmengen des Nehrungswaldes geschlagen. Daneben wurden Teerbrennereien und Köhlereien angelegt, die große Holzmengen verschlangen.

Außerdem zerstörten Waldbrände, das Heidebrennen und eine übermäßige Nutzung der Waldweide den so wichtigen Schutzwald. In den letzten Jahren des Siebenjährigen Krieges, vor über zweihundert Jahren, verwüsteten die Russen den Waldbestand erheblich.

Hinzu kam, daß vor allem durch den unbedachten Holzeinschlag an der Ostseeseite der Westwind Angriffsmöglichkeiten erhielt und den Sand nach Osten über die Nehrung trieb.

Kleine Einbruchstellen im Schutzwald vergrößerten sich, und die Sandflächen dehnten sich erheblich aus. Der Vormarsch der Dünen hatte ein Tempo von fünf bis sechs Metern pro Jahr. Unerbittlich und schweigsam vollzog sich diese Dünenwanderung nach Osten zum Haff, ohne aufgehalten zu werden. Dabei gingen sieben blühende Nehrungsdörfer an der Haffseite im Dünensand unter.

„Wann hat man denn die Dünen zum Halten gebracht“, möchte ich gern wissen.

„Nun, das geschah erst im 19. Jahrhundert“, erläuterte mein Vater, „obwohl schon Friedrich der Große die ersten Anordnungen zur Bekämpfung des Flugsandes und zur Neubepflanzung der Nehrung erteilte.

Im Jahre 1805 begann man, Flechtzäune auf der Vordüne an der Ostsee anzulegen und Strandhafer zu pflanzen. Dadurch wurde der Flugsand zum Stehen gebracht. Bis 1869 wurde die Vordüne von Sarkau bis Memel größtenteils befestigt. Im Schutze dieser Sandfänge auf der Vordüne wurden im nördlichen Teil, etwa von Schwarzort bis Memel, Bergkiefern angepflanzt. Der südliche Teil, etwa zwischen Cranz und Sarkau, wurde mit Birken, Erlen und Weiden bestockt. Es ist dies die sogenannte Plantage, die unterdessen einen interessanten Mischwald darstellt.

Auch heute noch ist es eine wichtige Aufgabe der Forstverwaltung, die Dünenbefestigungen an der Ostsee instand zu halten, damit der Wind sein zerstörerisches Werk, nämlich die Sandmassen nach Osten zu treiben, nicht ausführen kann."

So sehen wir heute die Kurische Nehrung zwischen dem brandenden Meer und dem schimmernden Haff mit dem Samtteppich der Bergkiefern und Birken bedeckt. Das gewaltige Naturwunder der Wanderdünen an der Haffseite sieht wie ein Land aus der Schöpfungsgeschichte aus.

Und Wilhelm von Humboldt, der große Philosoph und Staatsmann, stellte nach seinem Besuch unserer Heimat fest:

„Die Kurische Nehrung ist so merkwürdig, daß man sie eigentlich ebensogut wie Spanien und Italien gesehen haben muß, wenn einem nicht ein wunderbares Bild in der Seele fehlen sollte!"

Zur Pirschfahrt und Erkundung des Revieres

Kutscher Franz steht pünktlich mit dem Jagdwagen auf dem Hof. Ziel der Fahrt ist der Sandkrug gegenüber Memel, das die nördliche Grenze des Oberförster-Bezirks bildet.

Die einzige befestigte Straße ist die Poststraße, die nur vom Postauto und dem PKW meines Vaters befahren werden darf. Selbst die Wehrmacht darf dieses jagdlich und landschaftlich zauberhafte Gebiet nicht befahren.

Nördlich von Schwarzort ist an der linken Seite der Straße ausgedehnter Kiefern-Altholzbestand. An der rechten Seite zieht sich ein etwa fünfzig Meter tiefer und etwa acht Kilometer breiter Schilfgürtel hin; ein Dorado für das Wasserwild.

„Tausende von Stock- und Krickenten sowie Taucher, Bläßhühner und Teichhühner brüten hier ungestört. Ab August werden wir die Enten bejagen", erklärt mein Vater.

Vor uns liegt eine malerische Bucht, an der zwei Gebäude stehen. „Dies ist der Bernsteinhafen, und in den Häusern wohnen der Fischmeister und der Haumeister.

Bis zum Anfang des Ersten Weltkriegs existierte hier ein ertragreicher Bernstein-Abbau, der im Jahre 1883 einen Höchstertrag von 75.546 kg Bernstein gefördert hat!"

Immer wieder sehen wir auf dem Haff Enten und Taucher. Reiher, Rohr- und Wiesenweihen segeln fast schwerelos über dem Wasser. Auf den Stangen der Fischnetze sitzen Fischreiher, die mit Erfolg „Anstandsjagd" betreiben und den Fischbestand recht stark dezimieren.

In Höhe der Sturzdüne, einem etwa achtzig Meter hohen Hang aus der Zeit der Dünenwanderung, steht ein Rehbock am Schilfrohr. Obwohl er sehr stark im Wildbret ist, erscheint der Träger relativ schwach. Außerdem ist sein Verhalten so unbekümmert, daß er als noch jung anzusehen ist.

„Wildbretgewichte von fünfundzwanzig Kilogramm sind hier keine Seltenheit", sagt Vater. „Wegen der harten und schneereichen Winter ist der Bestand nicht stark, jedoch qualitativ recht gut. Gehörngewichte bis vierhundert Gramm kommen recht oft vor."

Immer wieder streichen Enten über den Schilfgürtel und fallen auf dem Haff ein. Inzwischen haben wir die Dünenmeisterei Erlenhorst erreicht und halten hier kurz.

„Etwa einen Kilometer vom Ufer entfernt ist der Schweinsrücken, eine Sandbank abseits der Fahrrinne auf der Route Memel–Schwarzort. Im Herbst und im Frühjahr fallen hier Tausende von Singschwänen ein, um für ihren Weiterflug Kräfte zu sammeln!"

Kurz nach Erlenhorst biegt die Poststraße nach Westen ab, und wir überqueren einen Höhenrücken, der mit Bergkiefern bepflanzt ist.

Halt, rechts von uns steht auf knapp hundert Schritt ein Elchtier mit Kalb. Völlig vertraut äst die Elin die Zweige der Jungbirken, und ihr Sprößling leckt sie an der Flanke, als ob er um Milch bettelte.

„Nach vorsichtigen Schätzungen stehen im Oberförster-Bezirk Schwarzort etwa hundertfünfzig Stück Elchwild. Die meisten Elche haben ihren Einstand zwischen Schwarzort und Nidden, wobei die Palwe bei Perwelk und Preil wegen der Äsung besonders bevorzugt wird!"

Wir verlassen die Poststraße und fahren nach Westen zum Meer. Von der Vordüne, die mit Buschzäunen befestigt ist, haben wir einen wunderbaren Überblick über die rauschende und schäumende Ostsee.

„Zweimal im Jahr ziehen Millionen von Vögeln hier an der Westseite der Nehrung entlang. Im Herbst kommen sie aus Rußland, Finnland und dem Baltikum, um im Süden ihre Winterquartiere aufzusuchen. Und im Frühjahr geht es von Spanien und Nordafrika zurück in ihre osteuropäische Brut- und Sommereinstände. Von den 345 in Ostpreußen nachgewiesenen Vogelarten ziehen mindestens 302 über die Kurische Nehrung. – Hier könnt ihr im Herbst beim Taubenzug beweisen, ob ihr schon mit der Flinte umgehen könnt", meint Vater.

Am schäumenden Ufer der Ostsee fahren wir bis nach Sandkrug. Für uns ist diese Fahrt mit den temperamentvollen Trakehnern (ostpreußischen Warmblutpferden) ein tolles Erlebnis.

Auf der Rückfahrt sehen wir an der Haffseite noch einen schwachen Schaufler, der noch im Bast ist, und zwei Stück Rehwild. Dazu kommen ungezählte Schoofe von Enten und Tauchern.

Voll Begeisterung kommen wir bei letztem Büchsenlicht nach Hause und müssen die vielen Eindrücke erst richtig verarbeiten.

Schon morgens brechen wir mit dem Jagdwagen auf, um vor allem das Haupteinstandsgebiet des Elchwildes kennenzulernen. Durch das langgestreckte Fischerdorf Schwarzort mit seinen blumengeschmückten Gärten bei den hübschen Holzhäusern geht es am Haff entlang Richtung Rossitten. Rechts des Fahrweges steigt das Gelände an, und die braune Spiegelrinde der starken Kiefern glänzt in der Morgensonne.

„Hier ist die größte Reiherkolonie in meinem Bereich. Etwa dreihundert bis vierhundert Paare nisten in den Kiefern. Im

Herbst, wenn die Jungtiere ausgewachsen und flügge sind, werden wir sie mit der kleinen Kugel bejagen", verspricht Vater.

Nach einigen Kilometern verlassen wir das Kiefern-Altholz und fahren einen kleinen Berg hoch, der mit Bergkiefern bestanden ist.

„Dies ist der Schafenberg, der besonders gern von Fuchs und Dachs angenommen wird. Hier können unsere Teckel zeigen, was in ihnen steckt!" So unser Vater.

Unmittelbar hinter dem bewaldeten Schafenberg beginnt die Palwe, eine fast ebene, horstweise mit Birken, Erlen und Bergkiefern bewachsene Steppe.

„Obwohl der Boden hier unter Nährstoffarmut leidet und der Dünensand wenig wasserhaltende Kraft besitzt, gleichen der hohe Grundwasserstand und die erhebliche Luftfeuchtigkeit diesen Mangel teilweise aus", erklärt Vater. „Strandhafer, Binsenquecke, Baltische Binse und Strandhuflattich sind hier heimisch, doch auch die Kriechweide kann sich gegen Sandverwehungen besonders gut behaupten. Bei uns in Schwarzort wächst sogar noch das zierliche Moosglöckchen, die nordische Linea", belehrt uns Vater weiter.

Halt, was steht dort in einem Birkenwäldchen? Beim Heranfahren erkennen wir einen jungen und gut veranlagten Schaufler, der einen schwachen Stangenelch als Adjutanten bei sich hat.

In der klaren Luft zieht ein stolzer Seeadler majestätisch seine Kreise. Zwei schnelle Falken überfliegen unseren Fahrweg.

„Nanu, was ist das für eine komische, kleine Laubhütte?" frage ich.

„Ja, hier wirken im Herbst die „Krajebieter", das heißt auf Hochdeutsch Krähenbeißer, die mit ihren Lockvögeln und Stellnetzen vor allem Saatkrähen fangen; diese Saatkrähen schmekken sehr gut, angeblich wie junge Tauben. Um ihre Beute zu töten, beißen die Fänger, meist sind es halbwüchsige Fischerjungen, in die Hirnschale. Dieses Verfahren tötet schnell und schmerzlos; allerdings erfordert es auch etwas Mut und Selbstüberwindung. Für schwache Gemüter ist diese Jagdart wohl nicht zu empfehlen", erklärt Vater.

Bis zur südlichen Reviergrenze nördlich von Pillkoppen sehen wir noch sieben Stück Elchwild, meistens Kahlwild mit Kälbern und drei Rehe.

Auf der Rückfahrt besteigen wir die fast schneeweißen Wanderdünen am Bullwikschen Haken. Vom Gipfel dieser grandiosen Sandwüste, die von weitem wie eine Felsenlandschaft aussieht, sehen wir im Süden die Ortschaft Nidden. Vom Wald geschützt, liegt sie mit ihrem Hafen nah am Haffufer.

„Der dunkle Streifen auf der anderen Seite des Haffs ist die Windenburger Ecke. Südlich davon liegen die Reviere des Forstamtes Ibenhorst, die einen hervorragenden Elchbestand aufweisen.

Während der Brunft im September rinnen Hirsche durch das Haff, so daß wir dann auf der Nehrung Gastelche vom Festland haben. Doch auch unsere Hirsche ziehen nach drüben, um die Brunft in fremden Revieren zu verbringen!"

„Können wir nicht noch einmal an die Seeseite fahren", frage ich Vater.

„Einverstanden, vielleicht sehen wir dort einen Elch im Meer!"

Und als wir dann bis zur Vordüne fahren, steht tatsächlich ein starker alter Schaufler in der Brandung. Er hebt das Haupt, als betete er und wolle seinem Schöpfer danken. Ein überwältigender Anblick. Wie ein Geschöpf aus Urzeiten, so wirkt der fast schwarze Wildkörper in der Brandung.

Das Meer glitzert in der Sonne, so als würde Gold über schäumendes Silber gegossen.

„Auf unsere Elche sind wir Ostpreußen ebenso stolz wie auf unsere Trakehner. Bereits im alten Preußen wurde der Elch verehrt und als Symbol verwendet", erklärt Vater.

Ich merke es meinem Vater an, daß er von diesem erhabenen Bild ebenso ergriffen ist wie wir Jungen. Nur schweren Herzens können wir uns von diesem Anblick trennen, doch die Fahrt bis nach Hause dauert noch einige Stunden.

Nachts kann ich lange nicht schlafen, weil mich das Erlebnis dieser Pirschfahrt so aufgewühlt hat. Als Junge, der mit Leib und Seele nur den Wunsch hat, in die Fußstapfen des Vaters zu treten, um Forstmann und Jäger zu werden, bin ich selig vor Glück. Hier, im Herrschaftsbereich meines Vaters, dem das Jagdparadies Kurische Nehrung forstlich und jagdlich untersteht, kann ich nach Herzenslust jagen, reiten, rudern und schwimmen, so weit der blaue Himmel reicht. Was will ein Jungenherz noch mehr? Und mit der Bitte an den Herrgott, daß er mir dieses Paradies noch sehr lange erhält, schlafe ich ein.

Und die Meere rauschen
den Choral der Zeit.
Elche steh'n und lauschen
in die Ewigkeit!

Gefährliche Entenjagd

Sommer am Kurischen Haff. Seit dem 16. Juli sind die Enten auf. Ein Grund für meinen Vater, Anfang August einige Freunde und Bekannte zur Entenjagd einzuladen.

Pünktlich um 14 Uhr sind die Schützen am Bernsteinhafen versammelt. Zwei Waldarbeiter stehen als Staker mit ihren flachen Kähnen zur Verfügung. Als Treiber halte ich zu meiner Unterstützung unsere beiden Deutsch-Drahthaar Wotan und Asta am Riemen. Es folgt durch meinen Vater eine kurze Einweisung in den heutigen Jagdplan. Eine Hälfte der Jäger besetzt die beiden Kähne und schießt nur Flugwild, das zum Haff abstreicht. Die anderen Schützen beziehen am Ufer Stände an den Schneisen, um ausschließlich auf dem Wasser schwimmende Mausererpel zu beschießen. Diese Jagdordnung hat den Zweck, daß die Teilnehmer einander nicht gefährden können.

Für die Schneisen-Schützen wurde schon im Winter bei starkem Eis das Schilfrohr mit kurzen Sensen geschnitten. Die Breite der Schneisen beträgt knapp einen Meter, denn der Mausererpel ist sehr wachsam und taucht blitzschnell, wenn er etwas Verdächtiges wahrnimmt.

Der kilometerweite Schilfgürtel zu beiden Seiten von Schwarzort ist in bestimmten Abschnitten mit einem Schneisensystem versehen, in das alle zweihundert Meter eine Schußbahn geschnitten ist.

Bevor die Ausgangslage eingenommen wird, belehrt mein Alter Herr als Jagdleiter nochmals die Schützen, nicht leichtfertig zu schießen. Auf die stöbernden Hunde im Schilf ist besonders zu achten. Mit Waidmannsheil werden die Jäger auf ihre jeweiligen Positionen geschickt.

Wotan und Asta sind vor Jagdeifer kaum zu halten. Sie kennen und lieben ihre nicht leichte Aufgabe des Stöberns. Mit mindestens + 35 Grad Celsius im Schatten meint es die Sonne schon fast zu gut. Die Luft wabbert, und es ist recht schwül.

Zum angeordneten Zeitpunkt krieche ich unter meiner schattigen Weide hervor und schnalle die Hunde. Mit hohem Satz springen sie ins Wasser, daß es nur so plantscht. Schon nach einigen Minuten fallen die ersten Schüsse von der Haffseite. Dann wird ein Hund eines Jagdgastes eingesetzt, um zu apportieren oder zu suchen.

Ich kann im Schilfdickicht kaum zehn Schritt sehen, so dicht stehen die starken Rohrhalme mit den scharfen Blättern. Unsere Hunde kann ich nur mit dem Gehör orten, wenn sie Laut geben. Unterdessen nähere ich mich der ersten besetzten Schneise. Mit „Hopp, hopp" arbeite ich mich durch das brusthohe Wasser. Meine vierbeinigen Jagdhelfer rufe ich in Abständen mit der Hundepfeife, um ein weites Überjagen zu verhindern. Vorsichtig bleibe ich vor dem Schneisenrand stehen und rufe nach dem Schützen. Aha, dreißig Schritt von mir steht er im flachen Wasser und hat die Flinte im Halbanschlag. Durch Handzeichen verständigen wir uns, und weiter geht das Treiben. Jetzt fallen vor mir Doppelschüsse Richtung Schneisen.

Wieder pfeife ich, und recht bald kommen beide Hunde zu mir und werden gelobt. Im hohen Wasser und im dichten Schilf müssen die Braven Schwerstarbeit leisten. Von der Haffseite fallen nacheinander fünf Schüsse. Kurz darauf das Kommando eines Hundeführers: „Rex, such, apport, sei brav mein Hund!"

Ich freue mich, daß die Schützen erfolgreich sind.

Trotz des erfrischenden Wassers schwitze ich gewaltig. Bei dem verschlammten Untergrund mit den verwachsenen Schilfwurzeln kann ich mich nur mühsam vorarbeiten. Doch was hilft's. Um Jäger zu werden, muß man erst ordentlich Treiberdienste leisten.

An der nächsten Schneise ruft mich der Schütze:

„Ich habe einen Mausererpel beschossen, doch ich sehe keinen liegen. Kannst du mal mit deinen Hunden kurz nachsuchen?"

Natürlich will ich helfen. Außerdem können unsere Hunde beweisen, daß sie neben der guten Stöberarbeit auch gute Bringarbeit leisten. Nach kurzem Pfiff kommt Wotan zu mir. Schnell lasse ich mich vom Schützen einweisen. Am Anschuß ein paar Federn.

„Wotan, such verloren, apport!"

Mit Arbeitseifer nimmt er sofort die Schwimmspur auf. Dann ist er im Schilf verschwunden.

Der Schütze erzählt mir, daß ihm noch drei Enten und ein Haubentaucher gekommen sind. Doch als er die Flinte hoch nahm, sei das Wild getaucht. Offenbar hatte der Schütze weder die Kraft noch die Nerven, völlig still und ruhig im Anschlag zu verharren.

Nach einigen Minuten kommt mit lautem Getöse mein guter Wotan. Stolz trägt er im Fang eine Ente, die noch lebt. Mit viel Lob nehme ich ihm die Beute ab. Freudestrahlend nimmt auch der Erleger mit Waidmannsdank die Ente in Empfang.

Weiter kann ich mich nicht aufhalten. Wenn der Schütze außerdem noch etwas krankgeschossen hätte, würden wir es sicher morgen bei einer Nachsuche finden. Auch die Wurzelbeißer, Enten, die – krankgeschossen – tauchen und sich an den Wurzeln festbeißen, werden wir vermutlich am nächsten Tag finden.

Wegen der Hitze und der scharfen Binsen, die meine Hände schon mehrfach blessiert haben, fluche ich etwas. Doch die Schüsse muntern mich immer wieder auf.

Mit zischendem Geräusch zieht ein Schoof Stockenten dicht über das Schilf hinweg. Das sind ganz Schlaue. Vom Haff sind sie nicht zu erreichen, und von den Schneisen dürfen sie nicht beschossen werden.

Ein Blick auf die Uhr zeigt, daß die geplante Pause bald naht. Kurzer Pfiff, damit die Hunde nicht zu weit vorprellen. Im Wasser plantscht es, und Asta schwimmt zu mir.

Und wieder fegt ein Schoof Krickenten sehr niedrig über meinen Kopf. Schüsse fallen am offenen Haff. Hundelaute und Zurufe der Schützen sind zu hören.

Mit der Hündin an der Seite nähere ich mich wieder einer Schneise.

Ein Knall und ein Schlag auf meinen rechten Oberarm! Ist denn der Schütze an der Schneise taub?

Hat er mich nicht gehört, als ich pfiff, den Hund rief und laut im Wasser plantschte? Ist denn der Kerl blind, daß er das schaukelnde Rohr, das ich beim Vorarbeiten beiseite drücke, nicht sieht?

Wütend brülle ich zum Ufer: „Sind Sie denn verrückt geworden, auf mich zu schießen?"

Etwas kläglich kommt die Antwort: „Nein, ich wollte doch nur die niedrig streichenden Enten erwischen!"

Aha, so ist das! Anstatt sich auf die schwimmenden Mausererpel zu konzentrieren, schoß er verbotenerweise auf tieffliegende Enten.

Sofort verlasse ich das Schilf. Es trifft sich sehr gut, denn mein Vater steigt in einer kleinen Bucht gerade aus seinem Kahn.

„Bin soeben angeschossen worden, hier am Oberarm. Herr S. war es, der an der letzten Schneise auf ein tieffliegendes Schoof schoß!"

„Na, so schlimm wird es wohl nicht gewesen sein. Zieh mal dein Hemd aus!"

Gehorsam streife ich das blutverschmierte Oberhemd über den Kopf.

Mein Vater schaut sich die Verletzung gelassen an. Genau sieben Schrote von 2 1/2 mm Stärke sind flach in das Fleisch des Oberarmes eingedrungen.

Unterdessen hat sich der Unglücksschütze bei meinem Vater gemeldet. Er bekennt sich mit tiefem Bedauern zu der Tat und kann sich gar nicht vorstellen, wie das passieren konnte.

Allgemeine Betroffenheit. Eine Handbreit höher, und ich hätte die Schrote im Hals und im Kopf gehabt. Bei einer Drehung des Kopfes wären vielleicht sogar die Augen getroffen worden.

Der alte Herr beendet die peinliche Situation, indem er sich zu mir wendet und sagt: „Mein Junge, wenn du ein anständiger ostpreußischer Jäger werden willst, muß du schon 2 1/2 mm Schrote vertragen!"

Und zu Herrn S. gewandt, murmelt er: „Wir unterhalten uns später!"

Damit scheint die Sache für ihn erledigt zu sein. Nur eine Schramme. Etwas erstaunt schaue ich den alten Herrn an, doch das Verhalten paßt so ganz zu seiner Lebensdevise: Gelobt sei, was hart macht. Nur keine Schlappheiten! Sofort kümmert sich ein Jagdgast, der Arzt ist, um mich. Da er kein Instrument hat, nimmt er seinen Nicker aus der Hosentasche, reibt ihn mit etwas Weinbrand aus seiner Jagdflasche ab und pult mir dann seelenruhig die Schrote aus dem Arm. Gott sei Dank stecken die Bleikugeln nicht tief unter der Haut. Zähne zusammenbeißen, denn vor versammelter Mannschaft will ich doch keine schlechte Figur machen. Es brennt abscheulich. Der Arzt besitzt auch Menschenkenntnis. Aus seinem Flachmann desinfiziert er nicht nur die Wundstellen, sondern gibt mir nach Jägerart auch einen Schluck von seinem Seelentröster. Für mich Tertianer hat diese Geste und das Schlückchen Feuerwasser eine positive moralische und seelische Bedeutung.

Die ganze Prozedur hat kaum zwanzig Minuten gedauert. Das Hemd, auch wenn es unten naß ist, wird angezogen. Mit großen Zügen trinke ich den kalten Tee, und schon ist die Welt wieder einigermaßen in Ordnung. Der Doktor rät mir noch, den angebleiten Arm möglichst nicht mit Wasser in Berührung zu bringen. Doch wie soll ein Treiber das auf einer Entenjagd machen? Mein Vater erlaubt mir als gewisse Erleichterung, daß ich nun in Ufernähe die Hunde dirigieren soll, wo das Wasser nicht so tief ist.

Während ich am Ufer warten muß, bis die Schützen die vorgesehene Ordnung einnehmen, mache ich mir so meine Gedanken zu diesem Vorfall. Warum hat mein Vater den Täter nicht Coram publico gemaßregelt? War es falsche Rücksichtnahme oder nur Taktik? Ich weiß es nicht.

Doch abends erfahre ich von meiner Mutter, daß er nach der Pause den Unglücksschützen scharf gerügt und die anderen Herren sehr energisch verwarnt hat. Natürlich im internen Kreis und ohne mich als Zeugen dabeizuhaben.

Das ist eben sein Stil!

Und weiter geht die Jagd. Unsere Hunde bleiben jetzt mehr in meiner Nähe. Das stundenlange Stöbern im tiefen Wasser hat sie auch strapaziert.

Rex, der gute Kurzhaar eines Gastes, verweigert an der Haffseite die Arbeit. Er liegt erschöpft im Kahn. Es gehört schon eine Portion Härte und viel Ausdauer dazu, diese Schwerarbeit bei unserer Entenjagd zu leisten.

Wieder fallen Schüsse an der Haffseite. Die Kahnjäger haben offensichtlich guten Anflug. Eine Rohrweihe segelt respektvoll außer Schrotschußweite über den Schilfgürtel. Vor und neben mir höre ich im grünen Dickicht piepsende Stimmen von Haubentauchern und Bläßhühnern. Es wimmelt in diesem Schilfurwald – außer von Enten und Tauchern – noch von Rallen und Teichhühnern.

Ein wahres Wasserwild-Paradies.

Zwei Fischreiher ziehen vom Haff zu den Reiherbergen. Dort haben sie auf den alten Schirmkiefern eine große Kolonie gebaut. Wenn es Herbst wird und die Jungtiere fast flügge sind, werden sie von uns Jungen mit Passion bejagt. Innerhalb weniger Tage muß man sie mit dem Kleinkaliber vom Nestrand schießen, bevor sie mit den Elterntieren in den Süden ziehen. Die Reiherfedern sind die Trophäe; wir schenken sie unserer Mutter. Diese schönen Tiere sind bei uns ziemliche Fischräuber, die von den heimischen Haff-Fischern regelrecht gehaßt werden.

Vor mir fällt in nächster Entfernung ein Schuß. Gleich darauf jault ein Hund ganz jämmerlich.

Sollte gar ein Hund beschossen worden sein? Mit hastigen Schritten erreiche ich die nächste Schneise.

Ausgerechnet mein ärztlicher Wohltäter gestikuliert wild mit den Händen und ruft ganz verzweifelt: „Schnell, schnell zum Schneisenrand. Dort habe ich wohl statt einer Ente einen Hund beschossen!“

Am Schneisenrand sehe ich ein hirschrotes Tier in der Größe eines Jungfuchses im Kreise schwimmen. Schnell hin, denn die Schwimmbewegungen werden immer schlaffer, und das Tier versinkt oftmals unter Wasser.

Entsetzlich, das ist doch unserer Susi, die schöne und geliebte Langhaar-Teckelhündin meiner Mutter. Ohne an meinen lädierten Oberarm zu denken, stürze ich ins tiefe Wasser und fische mühselig den halb ertrunkenen Hund heraus. Das bewußtlose Tier schweißt am Kopf und ist ein Häufchen Elend. Vor Wut und Mitleid könnte ich heulen. Wie konnte das passieren? Ist denn ein Dackelkopf von einem Mausererpel so schwer zu unterscheiden?

Wie sich später herausstellt, ist die Dackelhündin aus dem Garten der Oberförsterei fortgelaufen. Den Schüssen folgend, ist sie irrtümlich ins Schilf gelaufen und hat emsig im Treiben gestöbert.

Unser Doktor, der oft bei meinem Vater jagt, ist erschüttert, daß ihm so etwas passieren konnte. Er untersucht das zitternde Tier und stellt zwei Schrote fest, die durch den rechten Behang in den Kopf eingedrungen sind. Dadurch sind wohl die Bewußtlosigkeit und die Gleichgewichtsstörung ausgelöst worden. Leider kann er nicht, wie bei mir, die Schrote herausnehmen.

Dieser zweite Unfall beendet den heutigen Jagdtag. Obwohl die Strecke mit über achtzig Stock- und Krickenten recht gut ist, muß das gesamte Unternehmen doch als sehr unbefriedigend bewertet werden. Sofort werde ich mit dem Wagen nach Hause geschickt. Das arme Tier hat das Bewußtsein wieder erlangt und zittert furchtbar. Mit ihren schönen brauen Augen schaut mich die Hündin hilfesuchend und vorwurfsvoll an.

Meine sonst recht couragierte Mutter bricht in Tränen aus, als ich ihr den Hundeliebling der Familie in die Arme lege. Es sieht nicht aus, als könne unsere kleine Susi diese Verletzungen überstehen. Doch mit viel Fürsorge und Geduld ist es vielleicht zu schaffen.

Anschließend wird mein Arm mit Jod behandelt.

Mein sonst recht geselliger Vater, der so leicht keinen Umtrunk ausläßt, hat die Jagd ohne die übliche kleine Feier beendet und ist verärgert nach Hause gekommen.

Von ihm erfahre ich, daß Dr. B. als Brillenträger bei dieser Hitze den kleinen roten Kopf der Hündin als Ente angesprochen und beschossen hat. Es kam ihm gar nicht in den Sinn, daß außer unseren großen Jagdhunden noch ein anderes kleines Hundewesen im Schilf sein könnte.

Gott sei Dank lag die Schrotgarbe so schlecht, daß unsere Susi nur Randschrote abbekommen hatte. Sonst wäre sie wohl im Feuer gelegen.

„Das Waidwerk ist die höchste Lust auf Erden,
Doch wisse stets, wenn du die Büchse spannst,
Es droht dir die Gefahr, gemein zu werden,
Wenn Du den Schweinehund in dir nicht zähmen kannst!“

Schwanenjagd mit Hindernissen

Herbst auf der Kurischen Nehrung. Seit Wochen ziehen Tausende von Zugvögeln von Norden und Osten zwischen der Vordüne und dem Meer nach Westen und Süden in ihre Winterquartiere. An manchen Tagen sind es innerhalb eines Nachmittags schätzungsweise 300.000 Vögel, die über die Nehrung fliegen. Viele Vogelarten sind mir nicht bekannt. Auch ein Besuch der Vogelwarte Rossitten, die seit Jahrzehnten das Phänomen des Vogelzuges erforscht, kann meine Wissenslücken nur teilweise schließen.

Für mich hat der Vogelzug in diesem Jahr eine besondere Bedeutung. Mein Vater hat mir großzügig einen Singschwan zum Abschuß freigegeben, der ihm jedes Jahr von der Regierung genehmigt wird.

Seit einigen Tagen sind schon einige Ketten Singschwäne, offensichtlich Erkundungstrupps der nachfolgenden Flüge, auf dem Haff zwischengelandet. Die klugen Tiere halten sich nur zeitweise in der Nähe des Ufers auf, um von Feinden aller Art nicht überrascht zu werden.

Wenn sie im großen Verband anrücken, bleiben sie oftmals auf dem Schweinsrücken. Das ist eine große Sandbank in der Mitte des Haffes in der Nähe von Erlenhorst, knapp zehn Kilometer nördlich von Schwarzort.

Heute haben die Herbstferien begonnen. Als Fahrschüler bin ich mittags mit dem Schwarzorter Dampfer Trude nach Hause gekommen. Hastig wird das Mittagessen mehr hinuntergeschlungen als gegessen. Ich möchte keine Zeit verlieren. Erneut will ich nach mehreren erfolglosen Pirschen den Schwan bejagen.

Mit Freund K., der mich unbedingt begleiten will, geht es per Fahrrad zum Bernsteinhafen. Dort liegt auch der Dienstkahn der Oberförsterei. Ein flacher, leichter Kahn, der vor allem für die Entenjagd gebraucht wird; geeignet zum Staken, Rudern und zum Segeln.

Wir haben heute leichten Ostwind, der zur Nehrung treibt. Für unser Unternehmen ist das günstig, da bei diesem Wetter die Schwäne häufig im Schilf Nahrung aufnehmen. Die Fahrräder im Gebüsch versteckt, pirschen wir ganz vorsichtig am Ufer entlang nach Norden. Vaters Drilling ist mit 4 mm Schrotpatronen geladen, denn ich weiß, daß die weißen Ritter sehr schußhart sind. Sicherheitshalber habe ich außer dem groben Schrot noch fünf Kugelpatronen eingesteckt. Am besten ist die Wirkung, wenn im Flug die Schrote schräg von hinten die untere Körperpartie zwischen Stoß und Ruder durchschlagen.

Von den vielen Entenjagden, bei denen ich zur Unterstützung der Hunde als Treiber eingesetzt war, kenne ich den Schilfgürtel sehr genau.

Achtung, Schneise! Bewegt sich dort ein heller Vogel? Zentimeterweise robbe ich zum Schilfrand, um die Lücke zur Haffseite einsehen zu können. Obwohl ich mich sehr vorsichtig bewege und die Deckung günstig ist, klaftert ein Fischreiher, der im flachen Wasser gefischt hat, gegen den Wind zum offenen Haff. Hoffentlich hat er nicht unser begehrtes Wild gewarnt. Völlig ahnungslos schwimmen zwei Haubentaucher kaum zwanzig Meter von mir entfernt über die Schneise, um im grünen Schilfrohr unterzutauchen.

Bei unserer weiteren Pirsch erkennen wir in einer Bucht, etwa dreihundert Meter vom Ufer entfernt, ein gutes Dutzend Schwäne.

Mit ihrem weißen Gefieder heben sie sich kontrastvoll von den dunklen Wellen ab. Für uns sind sie nicht erreichbar.

Nach kurzer Rast pirschen wir bis zu einem Haken, der eine Bucht schützt. Schußbereit arbeite ich mich bis an eine schüttere Stelle im Schilfgürtel vor. Bis jetzt kann ich kein Wasserwild erkennen.

Doch plötzlich steht ein Schoof Stockenten auf, das hier gegründelt hat.

Wieder nichts. Man müßte ein unsichtbares Flugzeug haben, das vom Wild weder gesehen noch gehört wird.

Obwohl ich erst Tertianer bin, kenne ich von meinem Vater den Spruch vom Jäger „Unverdrossen", der so manchen Bock geschossen. Deshalb pirschen wir unverzagt in Richtung Sturzdüne, um zu sehen, ob an der Haffseite unser begehrtes Wild ist und klettern kurz die steile, etwa vierzig Meter hohe Düne hoch.

Was für eine Überraschung! Da schwimmt gar nicht weit vom Ufer entfernt ein Trupp Singschwäne. Von der Höhe aus können wir ein gutes Dutzend von ihnen sehr gut erkennen. Offensichtlich fühlen sie sich völlig sicher.

Aber wie soll ich geräuschlos und unsichtbar durch den mindestens fünfzig Schritt breiten Schilfgürtel kommen?

Nach kurzer Beratung beschließt mein Freund, sich im großen Bogen – außerhalb der Sicht der Schwäne – ganz leise durch das Rohr vorzuarbeiten. Während ich mich am Ufer gedeckt in das Weidengebüsch hineinschiebe, soll K. mir bei halbem Wind von der Wasserseite her das Wild zudrücken.

Mit heißen Kopf krieche ich unter eine tiefhängende Kopfweide.

Wo kann ich durch die Äste schießen? Woher weht der Wind?

Der Drilling ist entsichert, und voll Spannung warte ich. Bange Minuten vergehen. Wird unser Plan klappen? K. müßte meines Erachtens schon am Wild sein. Haben sich die Schwäne im Schilfrohr gedrückt, ohne abzustreichen? Allmählich werde ich ungeduldig.

Plötzlich klatscht es etwa fünfzig Schritt vor mir im Schilf. Mit mächtigen Flügelschlägen erhebt sich das Schoof Schwäne.

Ein herrliches Bild, wie diese imposanten Vögel sich in die Luft schwingen. Doch ich will jetzt als Jäger Wild erbeuten und es nicht bewundern. Drilling hoch, mitgeschwungen, beim ersten Schwan vorgehalten, und schnell nacheinander fallen beide Schüsse.

Nach dem zweiten Schuß zeichnet der Beschossene durch einen Ruck. Dann fällt er langsam im Gleitflug ab und wassert auf dem Haff.

„Geflügelt“, durchzuckt es mich.

Warum habe ich auf fünfzig Schritt geschossen, obwohl das Wild zur Seite abstrich? Deutlich hörte ich die Schrote auf die linke Schwinge prasseln.

Während die Kette schon längst in Richtung Haffmitte außer Sicht ist, schwimmt der Geflügelte – etwa hundert Schritt vom Ufer entfernt – ins offene Wasser.

Verzweifelt versuche ich, an der Kopfweide hochzuklettern, um von oben über das Schilf hinweg mit der Kugel schießen zu können.

Halb in der Luft hängend, gehe ich in Anschlag. Das Korn umtanzt den weißen Vogel, der auf den Wellen majestätisch reitet, als ob nichts passiert wäre. Mit Gewalt reiße ich mich zusammen, und als die verlängerte Visierlinie den Schwan streift, bricht der Schuß. Offensichtlich ist der Schwan nicht getroffen, denn er schwimmt noch immer in stolzer Haltung.

Völlig durchnäßt kommt K. nun aus dem Schilf gestapft und will wissen, ob die Beute liegt. Im Eifer des Gefechtes habe ich in den letzten Minuten den armen Kerl ganz vergessen.

Da ich bei dem Wellengang nicht mit der Kugel und bei dieser Entfernung nicht mir Schrot schießen kann, müssen wir eine andere Lösung finden. Wir müssen schnell den Kahn vom Bernsteinhafen hierherbringen und dann unverzüglich den kranken Schwan verfolgen und strecken.

Doch so einfach ist das nicht! Mindenstens vier Kilometer müssen wir bis zum Anlegeplatz laufen. Das ist keine Schwierigkeit. Doch dann ist dieselbe Strecke bis zum Anschuß zu rudern oder zu staken. Werden wir dann das kranke Wild noch finden?

Im Laufschritt geht es in Richtung Bernsteinhafen. Haumeister S., der am Hafen wohnt, schaut uns recht verwundert und mißtrauisch an, als ich ihm die Lage erkläre und ihn um den Schlüssel für das Kahnschloß und die Ruder bitte.

„Jungens, bei dem Wind wollt ihr den Schwan verfolgen? Seht ihr nicht das aufkommende Gewitter vom Festland heraufziehen?

Aber wenn du ohne Wild nach Hause kommst, dann wird dir der Herr Oberförster wohl die Hammelbeine langziehen!"

Auf mein eindringliches Bitten gibt er mir nur widerwillig Schlüssel und Ruder. Schnell sind wir beim Kahn. Jetzt stellen wir fest, daß dieses stabile Fahrzeug bei dem Wellengang gar nicht so leicht zu rudern ist. Also müssen wir ganz nahe am Schilfrand staken. Nur im Schrittempo kommen wir voran. Unterdessen ist der Wind stärker geworden, und die Sonne wird durch dunkle Wolken zeitweilig verdeckt.

Vor Anstrengung keuchend, setzen wir unsere ganze Kraft ein, um den Kahn vorwärts zu schieben.

Wir sind schon fast zwei Stunden auf dem Wasser, doch bis zur Sturzdüne ist es noch mindestens einen Kilometer weit.

Ab und zu kommt etwas Wasser über Bord, weil der Wind die Wellen von der Breitseite peitscht.

Auf keinen Fall dürfen wir jetzt aufgeben, obwohl wir beide durch die Anstrengung schon ziemlich erschöpft sind. Heiliger Hubertus hilf und laß uns bald den Schwan finden und erlegen!

Und immer wieder fegt der Wind über das Haff und läßt die Wellen steigen. Die Sonne ist hinter den Wetterwolken verschwunden.

Am gegenüberliegenden Festland braut sich eine dunkle Gewitterfront zusammen. Mit zusammengebissenen Zähnen staken wir immer weiter, obwohl uns die Arme fast den Dienst versagen. Aber eine Pause ist ausgeschlossen.

Der Wellengang wird immer stärker, und wir beide sind inzwischen bis auf die Haut naß.

Angestrengt beobachte ich nun die Wasserfläche, denn wir sind fast in Höhe der Sturzdüne. Was ist das für ein weißer Punkt auf dem Haff? Ja, es ist mein kranker Schwan, der mindestens vierhundert Meter vom Ufer entfernt treibt. Jetzt können wir nicht mehr staken, weil das Wasser zu tief ist. Wir müssen nun beide gleichzeitig rudern. Mit dem Bug wenden wir zur Haffmitte in die Richtung des Schwans. Langsam holen wir auf.

Mit Erstaunen stelle ich fest, daß der Schwan noch immer seinen Kopf stolz trägt. Offensichtlich rudert er noch und will uns auf dem bewegten Haff entkommen. Für den Fangschuß mit Schrot müssen wir auf fünfzig Schritt an den kranken Schwan heran. Nur dann können bei dem flachen Schußwinkel die Schrote Leben fassen.

Plötzlich schwimmt der Schwan schneller und schlägt mit der gesunden Schwinge. Dieser Anblick läßt unsere Schwäche schlagartig verschwinden.

Keuchend und schwitzend stemmen wir uns mit aller Kraft in die Ruder. Der Kahn schaukelt bedenklich, doch wir kommen gut vorwärts.

Um die Todesangst des Tieres zu verkürzen, will ich sofort schießen. Doch sechzig Schritt sind bei dem Schaukeln des Kahnes und der Entfernung des Zieles recht weit. Vorsichtig krieche ich in den Bug, damit das Fahrzeug gegen den Wind steht, wenn ich schieße.

K. kann den Kahn allein nicht halten, und wir nehmen von der Breitseite kräftig Wasser auf. Wie ein MG-Schütze beim Sturmbootfahren schieße ich liegend zweimal vom Bug aus. Doch der kranke Schwan zeichnet nicht.

Nochmals laden, und wieder schieße ich auf knapp sechzig Schritt.

Jetzt streckt er die linke Schwinge und hält den Hals schräg.

Warum kann diese Tragödie kein Ende nehmen?

Endlich wird meine Bitte erhört. Der Schwan liegt mit dem Kopf auf dem Wasser und ist offenbar verendet. Mit letzter Kraft rudern wir zum Gestreckten und nehmen ihn in den Kahn. Dieser treibt jetzt mit dem Wind zum Schilf. Blitz und Donner begleiten diese stürmische Jagdfahrt. Mit dem Ruder korrigieren wir nur die Richtung.

Frierend erreichen wir das rettende Schilf. Mit aller Kraft staken wir unser Gefährt ins Rohr, doch bald bleiben wir stecken.

Also ausbooten; K. schiebt den Kahn von hinten und ich ziehe ihn von vorn; erschöpft ziehen wir ihn an das Ufer und ketten ihn an eine starke Erle. Morgen werden wir ihn zum Bernsteinhafen zurückbringen.

Über sechs Stunden hatte die Jagd auf den Schwan gedauert, die von K. und mir den Einsatz aller Kräfte forderte. Bei strömendem Regen, Blitz und Donner erreichen wir die Oberförsterei.

Als mein Vater nach Hause kommt, berichte ich ihm stolz von der Erlegung meines Schwanes. Vom Wind, den Wellen wie dem Gewitter und der Gefahr des Kenterns erzähle ich ihm natürlich nichts. Ich melde nur, daß sich der Munitionsverbrauch ebenfalls etwas reduziert hat. Herzlich wünscht mir der alte Herr Waidmannsheil.

Die stolze Trophäe wird nun gebührend bewundert. Es ist ein männlicher Altschwan, der sicherlich viel mehr von der Welt gesehen hat als ich.

Vielleicht war er ein General,
ein Held von Pflaum und Feder,
denn alt ist er wie Rübezahl
und zäh wie Hosenleder!"

Der Erziehungselch

Es ist Anfang Oktober. Der Altweibersommer hat das Herbstlaub der Birken in den schönsten Farben wie gelb, rot und braun verfärbt. Vor den Herbststürmen zeigt sich die Natur noch in ihrer herrlichsten Pracht.

Der leichte Jagdwagen fährt leise zwischen Birkenwäldchen und Sanddünen hindurch. Nur das Scheuern der Stränge und das Prusten der beiden ostpreußischen Warmblutstuten sind die einzigen Geräusche dieser fast lautlosen Pirschfahrt.

Gleich hinter dem Schafenberg, südlich von Schwarzort, heißt es aufpassen, denn wir sind mitten im Elchrevier der Kurischen Nehrung. Wir, das sind mein Vater, der Franzose Peter als Fahrer, der DD-Rüde Wotan zu seinen Füßen und ich, der Sekundaner.

Weil mir nach zweijähriger recht harter Reitausbildung das Jugendreiterabzeichen verliehen worden war, darf ich jetzt als Anerkennung meinen ersten Elch schießen. Freigegeben sind Alttier, Schmaltier oder Kalb.

Natürlich freue ich mich sehr, daß der gestrenge Herr Oberförster mir gegenüber so generös ist. Denn der alte Herr honoriert bei all seiner Großzügigkeit nur wirkliche Leistungen. Als Pferdeliebhaber freut er sich über den Reiterfolg seines Jüngsten.

Vielleicht ahnt er auch, daß der Kriegsverlauf uns Ostdeutsche nur noch ein paar Jahre in unserer Heimat beläßt. Er hat die Schrecken des Ersten Weltkriegs als Gefangener in Sibirien kennengelernt und weiß genau, was die bolschewistische Macht für uns bedeuten kann.

Doch diese Gedanken beschäftigen mich im Augenblick nicht. Mit hellwachen Augen und erhöhtem Puls beobachte ich sehr aufmerksam das Vorfeld.

Peter, der als französischer Kriegsgefangener unsere Landwirtschaft fast selbständig betreibt, ist meinem Vater besonders zugetan. Er wird sehr anständig behandelt und erhält, da er ein starker Raucher ist, von seinem „Monsieur Chef" reichlich Tabak und Zigarren.

Ein leichter Wind ist aufgekommen, und die Nachmittagssonne wärmt uns angenehm. Im Aufwind der Küste segelt elegant eine Rohrweihe.

Obwohl das Elchwild sonst recht vertraut zwischen den Birkenwäldchen der Palwe steht, scheint es heute in die kleinen Waldstreifen gezogen zu sein. Ist es der Wind oder die Brunft, die das Verhalten des Wildes ändern?

Vorbei geht es an einigen ausgetrockneten Tümpeln, die von Weiden und Erlen umgeben sind. Das sind an heißen Tagen und während der Brunft die Lieblingseinstände des Elchwildes, wenn es nicht gerade ein Bad im Haff oder in der Ostsee nimmt. Das Ungeziefer plagt das Wild sehr stark.

Unbewußt verspüre ich während dieser Fahrt die herbe Schönheit der nordischen Landschaft, deren Dünen den Farbkontrast des Südens widerspiegeln.

Halt, was steht dort im feuchten Erlengrund? Ein gut veranlagter junger Bock, der als Sechser prahlt und am Tümpelrand äst. Er hat – da er sehr jung ist – von uns nichts Schlimmes zu befürchten.

Auf ein Zeichen meines Vaters hat Peter einen Bogen von der Vordüne am Meer zur Poststraße gemacht. Wotan, unser guter Deutsch-Drahthaar, sitzt gehorsam vor meinem Vater und zittert vor Jagdpassion. Augen und Nase melden ihm Interessantes.

Auf knapp vierzig Schritt schnürt ein starker, sehr heller Fuchs ziemlich eilig an einem Weidenbusch ins hohe Gras. Ein Stück weiter sehen wir inmitten eines Erlenwäldchens eine Elin und ihr Kalb. Zärtlich leckt der Sprößling der Mutter die Flanke und bettelt um Milch. Die Elin spreizt die Hinterläufe, und schon saugt das kräftige Kalb. Ein friedliches Bild.

Der Geruch der schwitzenden Pferde steigt mir wie Parfüm in meine Reiternase; er wirkt vertraut und beruhigend. Bald haben wir den Rand der Wanderdünen bei Perwelk erreicht. Diese Sandwüste ist nicht so gewaltig wie die bei Rossitten und Nidden. Zur Haffseite hin sind die Dünen abgeflacht und teilweise mit Strandhafer bewachsen.

Was bewegt sich dort halbverdeckt vor einem Erlenwäldchen? Auch ohne Fernglas kann ich einen starken dunklen Schaufler erkennen, der wie wild mit den Läufen den Boden bearbeitet.

„Er schlägt sich eine Brunftgrube", murmelt mein Vater.

Nach ein paar Minuten sehen wir, wie der Recke in die Brunftkuhle näßt und sich dann stöhnend hineinwirft.

Langsam drehen wir ab, um den Brunftbetrieb nicht zu stören. Kurze Zeit darauf sehen wir auf einer Lichtung, in der Nähe des Moorloches, zwei junge Elchhirsche stehen. An ihrer schlanken Figur und den noch langen schmalen Bärten sind sie als Jünglinge erkennbar. Ein Sechser und ein Gabler stehen einander gegenüber. Die Mähnen stehen steil, und die Lauscher sind weit nach hinten gelegt. Wie auf Kommando stürmen sie aufeinander los. Voller Wut stemmen sie sich gegeneinander.

Dann löst sich der Sechser kurz, ohne vom Gabler gleich wieder angegriffen zu werden. Beide umkreisen sich nun und warten auf eine Gelegenheit, um dem anderen in die Flanke zu schlagen.

Wieder knallen die Geweihe zusammen, denn jeder will den Nebenbuhler verjagen oder wenigstens zum Aufgeben zwingen. Als der Gabler sich einmal kurz dreht, schlägt ihm der Sechser seine gefährlichen Augsprossen in die linke Keule. Mit hoher Flucht weicht der Geschlagene zur Seite aus und überläßt seinem Gegner den Kampfplatz.

„Das wird doch nicht der Mörder sein, der in den letzten vierzehn Tagen zwei gute Schaufler geforkelt hat?" Nachdenklich zündet sich der alte Herr seine geliebte Pfeife an und gibt Peter das Zeichen zur Weiterfahrt.

Die bunten Birkenwäldchen werden in Richtung Preil immer lichter. Auf gut vierhundert Schritt können wir am Rande einer auffallenden Birkenreihe drei Stück Kahlwild sehen.

Nun muß Peter zeigen, was er bei seinem „Monsieur Chef"

über das Waidwerk gelernt hat. Mit knappen Handbewegungen wird der Kutscher eingewiesen. Es kommt darauf an, unter Ausnutzung von Wind und Gelände auf Schußweite an das Wild heranzukommen.

Gespannt verfolge ich dieses Manöver und hoffe sehr, daß die Elche nicht vorher flüchten. Es ist fast windstill geworden, und nur das Prusten der Pferde unterbricht die Stille. Auch Wotan benimmt sich anständig. Im weiten Bogen fährt Peter zwischen Birkengruppen, Erlen- und Weidenbüschen immer näher an das Kahlwild heran.

„Rechts neben dem Alttier das schwache Schmaltier. Nicht links davon das starke Kalb schießen", flüstert mir mein Vater zu. Vor einer Krüppelkieferngruppe drückt er mir seinen schußbereiten und gesicherten Drilling in die Hand. Natürlich hat er mir schon vorher ganz genau erklärt, wo der Haltepunkt zu sein hat. Außerdem weiß ich von vielen Pirschfahrten mit Gästen, daß der Hochblattschuß immer tödlich ist.

Mit fliegendem Puls gleite ich an der dem Wild abgekehrten Seite vom Jagdwagen. Das Rudel äugt dem Wagen nach, alle Stücke stehen auf knapp hundertdreißig Schritt breit. Nahe einer Kiefer gehe ich knieend in Anschlag und entsichere die Waffe.

Das Korn umkreist den gewiß nicht kleinen Wildkörper – noch einmal durchatmen. Nach Sekunden, die mir unendlich lang erscheinen, bricht der Schuß.

Im Feuer kann ich feststellen, daß das beschossenen Schmaltier überhaupt nicht zeichnet. Es steht ein paar Sekunden regungslos und zieht dann langsam in ein benachbartes Birkenwäldchen. Mit Entsetzen bemerke ich, daß es den rechten Hinterlauf stark schont.

Wenige Minuten nach dem Schuß dreht Peter den Wagen und kommt mit meinem Vater, der den ganzen Ablauf genau verfolgt hat, zu mir.

„Wo abgekommen", klingt seine Frage wie ein Peitschenknall.

„Hochblatt, glaube ich", kommt etwas unsicher meine Antwort. Ich bin wegen des Schußzeichens derart schockiert, daß ich gar nicht wage, meinen Vater anzuschauen.

Der alte Grünrock ist vom Wagen abgestiegen und hält den Hund am Riemen.

Ich Unglücksrabe empfinde eine furchtbare Scham, so kläglich versagt zu haben.

Warum muß ich meinen großzügigen Vater so furchtbar enttäuschen?

Peter, der ungewollt Zeuge dieser Schande ist, blickt mich verstohlen an. Sicher bedauert er mich und ist vermutlich froh, kein Jäger zu sein.

Gut fünfzehn Minuten nach dem Schuß gehen wir endlich zum Anschuß. Er ist leicht zu finden, da das beschossene Stück eindeutig an der letzten rechten Birke dieser Reihe stand. Doch weder Schweiß, Schnitthaar noch Eingriffe im Boden sind zu finden. Großes Rätselraten bei diesem „saumäßigen Keulenschuß".

Wotan, der weit genug vom vermeintlichen Anschuß abgelegt war, kommt an den Riemen. Etwas flüchtig bewindet er den Anschuß und arbeitet zügig die im Sand gut sichtbare Fährte. Immer wieder stoppt mein Vater den heftigen Rüden, doch Schweiß oder andere Pirschzeichen sind nicht zu finden. Erst am Rande des Birkenwäldchens, etwa zweihundert Schritt vom Anschuß, verweist der Rüde hellroten Schweiß! Nach weiteren achtzig Schritt liegt etwas verdeckt im Unterholz das längst verendete Schmaltier mit hohem Blattschuß.

Wie sich später beim Aufbrechen herausstellt, ist das Teilmantelrundkopfgeschoß, vom Kaliber 8 x 57 IR, Hochblatt in den Wildkörper eingedrungen. Es hat dann die Kammer durchschlagen, teilweise die Lunge zerstört, ohne jedoch einen Ausschuß zu verursachen. Warum das Schmaltier seinen rechten Hinterlauf so besonders geschont hat, kann sich mein Vater, ein alter, erfahrener Hochwildjäger, nicht erklären.

Ich bin jetzt froh, stolz und überglücklich. Auf seinem alten Forsthut überreicht er mir den Erlegerbruch und drückt mir besonders herzlich die Hand.

„Waidmannsheil, mein Junge, zum ersten Elch." Gerührt sage ich Waidmannsdank und möchte dem alten Grünrock am liebsten um den Hals fallen. Doch für derartige Gefühlsausbrüche fühle ich mich als Sekundaner schon zu erwachsen.

„Wer kennt das waidgerechte Jagen?
Fürwahr, es ist wie ein Gedicht;
wer's nicht empfand in jungen Jahren,
der lernt es auch im Alter nicht!"

Dachsjagd mit Überraschungen

Spätherbst in den Bergkiefern. Wir haben Anfang November. Nachts hat es ein wenig geschneit. Es reicht gerade aus, um festzustellen, daß die Dachsbaue am Schafenberg befahren sind.

„Na, dann wollen wir mal sehen, ob Meister Grimbart gut in Form ist“, sagt mein Vater zu Forstwart Z. und mir. Also Pferde anspannen. Spaten, Schaufel, Axt und Dachshaken kommen in den Wagen. Dann werden die Rauhhaarteckel aus dem Zwinger geholt. Bautz, der saufarbene Rüde, und Jenny, seine laubfarbene Schwester, sind vor Aufregung schon ganz aus dem Häuschen. Natürlich kommt der ständige Begleiter meines Vaters, unser braver Deutsch-Drahthaar Wotan, ebenfalls mit, obwohl ihm bei der Baujagd keine Rolle zugedacht ist.

In den mannshohen, dichten und bürstenartigen Bergkiefern gibt es kein Schußfeld. Deshalb werden hier auch Füchse nicht gesprengt, sondern notfalls gegraben. Hier in diesem fast undurchdringlichen Dickicht wird nur Bauarbeit geleistet; als Waffe dient nur die Pistole.

Nach gut zwanzig Minuten erreichen wir den Dachsbau am Schafenberg. Die Pferde werden mit Decken gut zugedeckt, die Stränge gelöst und die Tiere fest angebunden.

Mit den Hunden am Riemen und dem Werkzeug auf dem Rücken zwängen wir uns durch die sperrigen Bergkiefern. Am alten Mutterbau inspizieren mein Vater und Z. die Röhren. Trotz der dünnen Schneeschicht kann man an den Röhreneingängen erkennen, daß Schmalzmann mit seinem starken Körper den Bau befahren hat.

„Teckel frei“, ruft mein Vater. Nur mühsam kann ich den beiden wilden Rackern die Halsung abstreifen. Wotan wird neben unseren Mänteln im Zentrum des Baues abgelegt, ohne angeleint zu werden. Mit jauchzendem Laut schliefen die beiden Rauhbautze in die Röhren. Lautlos verteilen wir Jäger uns um den Bau.

Es kommt nun darauf an, daß wir keinen Hundelaut überhören.

Halt, da schallt der helle Laut der Hündin. Sofort hinlegen, um mit dem Ohr am Erdboden jedes Geräusch zu orten. Offenbar geht die Jagd quer durch den Bau, der vermutlich von einer ganzen Sippe Grimbart bewohnt wird. Natürlich läßt sich dieses wehrhafte Wild nicht gleich vom Hund stellen. Der starke Fang und die scharfen Branten des Dachses können dem jungen oder zu scharfen Bauhund sehr gefährlich werden. Nur gewitzte, starke und erfahrene Hunde können mit respektvollem Abstand den Dachs in die Sackröhre drängen und lange Zeit Laut geben. Dann erst kann – mit einiger Aussicht auf Erfolg – der Einschlag kommen.

Plötzlich ist alles still. Mein Vater, Forstwart Z. und ich liegen auf dem Boden, um erneut zu verhören. Neben mir erscheint Bautz aus einer Röhre und schüttelt sich den Sand aus seinem Fell. Hat er die Fühlung mit dem Wild verloren oder will er nur sehen, ob Herrchen seinen Kampf im Dachsbau unterstützt?

Sofort verschwindet der dunkle Racker in der nächsten Röhre. Z. hebt die Hand und deutet in eine Richtung. Mein Vater geht zu ihm und verhört liegend. Ziemlich tief gibt eine helle Stimme Standlaut. Vermutlich Jenny, die einem Dachs vorliegt. Ist Grimbart in der Sackröhre oder will er nur die Verfolgerin abschütteln?

Z. und ich verhören im weiteren Kreis, ob noch an anderer Stelle Hundelaut zu vernehmen ist. Trotz großer Aufmerksamkeit ist sonst kein Laut zu hören, nur Jennys helle Stimme vernehmen wir fast ständig.

Wie lange kann sie den Dachs binden? Ist die Röhre so groß, daß Schmalzmann sie eventuell überspringen könnte?

Wir machen uns Gedanken, wie der tapferen Dackelhündin

geholfen werden kann. Nochmals verhört mein Vater mit dem Ohr am Boden.

„Hier den Einschlag graben, schnell!“ Mit der Hand zeigt er genau auf eine Stelle unter verfilzten Bergkiefern. Z. schlägt mit der Axt zuerst die sperrigen breiten Äste ab und schneidet dann den Stamm sehr tief ab. Ich räume das Reisig beiseite, um anschließend die Wurzeln abhacken zu können.

Kurze Pause. Wieder verhören wir. Doch kein Laut ist vernehmbar. Ist die Hündin übersprungen oder schwer geschlagen? Bange Minuten. Halt, da rumort doch etwas unter uns?

Ja, Jenny liegt noch vor und kämpft mit Meister Grimbart. Also schnell an die Arbeit, damit dem kleinen Hund geholfen werden kann. Das starke Wurzelwerk ist noch schwieriger als das Astzeug zu durchschlagen. Obwohl wir eine Temperatur um den Gefrierpunkt haben, schwitzen Z. und ich ziemlich. Wir müssen etwa einen Kubikmeter Erde von den Wurzeln freimachen und ausheben. Jetzt rutscht der Sand von allen Seiten nach. Nur einer kann an dem engen Einschlag arbeiten. Fliegender Wechsel zwischen Z. und mir, da Eile geboten ist. Immer lauter hören wir Jenny; das Rumoren des Dachses wird immer stärker. Sicherlich spürt das Wild, daß es ihm an die Schwarte geht.

Der Hundelaut und das Knurren sind jetzt unmittelbar zu hören. Ganz kurz klagt die Hündin und spornt unseren Eifer noch mehr an.

Sind wir jetzt genau zwischen Hund und Dachs?

Mein Vater beugt sich mit schußbereiter Pistole und dem Dachshaken über den Einschlag. Jenny jault plötzlich sehr stark. Das Erdreich unter uns bewegt sich. Z. will mit dem Spaten zustoßen, doch er zögert, weil er nicht genau weiß, wo der Hund liegt. Sand rutscht nach, und plötzlich ist es still im Durchschlag.

„Der Hund ist verschüttet, schnell nachgraben“, ruft mein Vater aufgeregt. Nach einigen Spatenstichen sehen wir graubraunen Boden; die Röhre ist erreicht.

Was ist passiert? Der Dachs hat offensichtlich die Hündin geschlagen und dann übersprungen. Durch unser Graben haben wir die Erde über dem Hund gelockert. Diese Gelegenheit hat der Dachs zur Attacke genutzt, um die für ihn gefährliche Sackröhre durch einen Sprung über den Hund zu räumen. Danach ist das Erdreich über dem Hund eingestürzt und hat ihn verschüttet. Der Einschlag war zu kurz.

Ganz vorsichtig gräbt Z. weiter, um die Hündin unversehrt herauszuholen. Da bewegt sich etwas Hellbraunes. Jennys Rute ist zu sehen.

Mit bloßen Händen befreien wir sie aus dem Sand und heben sie heraus. Doch wie sieht das arme Tier aus?

Am Fang, den Behängen und am Hals schweißt sie stark. Respekt vor dieser schneidigen Dackelhündin. Trotz ihrer Verletzungen hat sie tapfer ihre Stellung vor dem Dachs gehalten. Schnell stecke ich die zitternde Hündin in einen Rucksack; jetzt kann sie nur mit dem Kopf herausschauen.

Die Jagd geht weiter, denn Bautz ist noch im Bau. Schnell stecken wir Kiefernzweige in die Röhre des Einschlags, der provisorisch zugegraben wird.

Unterdessen hat mein Vater verhört und stellt erfreut fest, daß Bautz Standlaut gibt. Durch Handzeichen zeigt uns mein Vater, wo Bautz vorliegt. Also die Hemdsärmel aufgekrempelt, und auf geht's zum nächsten Einschlag. Wieder werden die sperrigen Bergkiefern geschlagen, die Wurzeln herausgerissen und dann wird mit Eifer gegraben. Es darf nicht wieder passieren, daß wir den Hund durch falsches Durchstoßen der Röhre gefährden und der Dachs entweichen kann.

Der Hundelaut wird vom Rumoren des Dachses begleitet. Ab und zu jault Bautz auf, doch dann wird sein Knurren noch böser.

Mein Vater steigt nun selbst in den Einschlag, um die richtige Stelle beim Durchstoß zu finden. Bautz knurrt gefährlich, und der Dachs schlägt mit den Branten, daß der Boden dröhnt. Schon ist grau-braune Erde sichtbar. So verläuft also die Röhre. Bautz liegt links und der Dachs rechts.

Beherzt stößt mein Vater den Spaten in die Röhre zwischen die Kämpfenden. Der Kopf von Bautz ist zu sehen.

Während Z. den Einstich mit dem Spaten sichert, schiebt mein Vater mit der linken Hand den Dachshaken in die Röhre.

Grimbart beißt sofort auf den spitzen Haken. Er drängt jetzt mit Gewalt heraus. Schon steckt Schmalzmann seinen schmalen schwarz-weißen Kopf mit seinen schwarzen, wenig ausdrucksvollen Sehern vor. Er hat sich am Haken verbissen.

Mein Vater zielt mit der Pistole auf den Dachskopf zwischen die Seher. Im Knall fällt der Kopf zurück, und der Wildkörper sinkt in die Röhre, doch der Haken sitzt im Fang. Bautz, den Z. vor dem Schuß aus dem Einschlag gezerrt hat, springt mit einem Satz wie ein Wilder auf seine Beute. Bei der Enge des Einschlags und dem Hundegetümmel kann der schwere Dachs nur langsam herausgezogen werden. Immer wieder faßt Bautz in die Schwarte, um seine Wut abzureagieren.

Nanu, was ist denn das? Unmittelbar hinter dem Erlegten drängt sich sehr flott ein zweiter Dachs nach vorn. Flink klettert er nach oben.

Verdutzt können wir gar nicht so schnell reagieren.

Mein Vater kann nicht schießen, ohne uns und den Hund zu gefährden. In Sekundenschnelle hat der Dachs den Rand des Einschlags erklettert und will im Kiefernholz verschwinden. Doch wie ein brauner Blitz stürzt sich Wotan auf den weißgrauen Ausreißer. Mit der Routine eines alten Raubzeugwürgers hat er den Dachs von oben am Kopf gepackt. Kraftvoll schüttelt er den schweren Wildkörper. Der Dachs kam gar nicht dazu, seine gefährlichen Waffen einzusetzen, so schnell wurde er von dem Rüden überrascht.

Gebannt und atemlos haben wir dieses Ringen verfolgt und wissen sehr wohl, der Kampf hätte auch anders ausgehen können.

Die tapfere Jenny befreie ich aus ihrem Gefängnis. Sie läßt sich gar nicht streicheln, sie will sofort an Wotans Beute heran.

Doch das tiefe und drohende Grollen des Rüden belehrt sie, wer der wirkliche Erleger ist. Als kluge Hundedame schaltet sie schnell und beutelt – zusammen mit Bautz – den starken Dachs im Einschlag.

Allgemein herrscht Freude, daß unsere kleinen Bodenjäger so schneidig und erfolgreich Meister Grimbart gestellt haben. Doch den größten Eindruck hat natürlich Wotan gemacht; er war die Krönung des Jagderfolges.

„Viel mehr als ein guter Schuß,
vermag ein Hund zu geben!
Denn ohne Hund kein Waidgenuß
und auch kein Jägerleben!“

Der Urian

Knapp nach Kriegsende treffen sich junge Leute zum Tanz in Niedersachsen. Bei Molkebier, getauschten Ami-Zigaretten und wenig selbstgebranntem Schnaps wollen sie ein paar frohe Stunden genießen und Schlimmes vergessen. Ein Schmied aus dem Erzgebirge spielt Ziehharmonika, und ein Schuhmacher aus dem Nachbardorf fiedelt auf seiner Geige. Beide geben sich große Mühe, die nicht sehr verwöhnten Gäste zum Tanzen zu animieren. An den abgetragenen Wehrmachtsuniformen kann man sehr genau erkennen, ob jemand als Landser, auf See oder bei der Luftwaffe gedient hat. Die Luft ist verbraucht, und es riecht nach schwitzenden Menschenleibern, Zigaretten und billigem Fusel.

Durch Zufall komme ich bei einem Glas Bier mit einem vielseitigen jungen Mann über Pferde ins Gespräch. Er ist bei den Amerikanern auf Schloß B. Pferdebetreuer, Schwarzhändler und Zulieferer von deutschen Animiermädchen. So nebenbei erzählt er mir, daß die Amerikaner heute nacht ein großes Fest feiern und der Alkohol sicher in Strömen fließen wird. Sein Angebot, mir zur Schwarzmarktpreisen eine Flasche Gin zu besorgen, muß ich leider ablehnen, da ich kaum Geld besitze. Doch sein Hinweis, daß die Amerikaner ausgiebig feiern werden, ist für mich sehr interessant und wichtig, denn dann können sie nicht im Revier meines Vaters herumschnüffeln und gefährlich werden.

Ein Blick auf die Uhr zeigt mir, daß wir in drei Stunden Büchsenlicht haben werden. Obwohl es sicher sehr reizvoll wäre, zu tanzen und vielleicht eine junge Dame nach Hause zu bringen, entscheide ich mich für die Jagdgöttin Diana.

Schnell marschiere ich zum Forsthaus. Zum Umziehen brauche ich kaum Zeit, denn außer den alten Bergstiefeln und dem verschlissenen Militärmantel besitze ich keine Jagdgarderobe.

In dieser herrlichen Mainacht funkeln die Sterne, und die Luft ist frisch. Bis zum Fischteich, wo ich meine unerlaubte Waffe versteckt habe, sind es noch vier Kilometer. An der amerikanischen Zonengrenze geht es vorbei, aufwärts in das Revier meines Vaters.

Hauptsächlich Altbuchen und starke Eichen säumen meinen Weg in Richtung Fischteich. Zügig, aber immer sehr vorsichtig nutze ich den weichen Wegrand. Hier kann ich leise pirschen und notfalls mit einem Sprung im Bestand verschwinden, falls ich auf Amerikaner stoße.

Obwohl das väterliche Revier zur britischen Besatzungszone gehört, halten sich die Amerikaner überhaupt nicht an diese Grenzregelung. An der starken Überhälterfichte biege ich links zum Fischteich ab. Das Auge hat sich so an die Dunkelheit gewöhnt, daß ich schon auf zwanzig Schritt den dunklen Stein gegenüber der Jagdhütte sehe.

Zunächst vergewissere ich mich an der Biegung zum Teich, ob die Besatzer nicht die Hütte zum Liebesnest gemacht haben. Doch nichts regt sich. Auch kein Aufglühen einer Zigarette ist zu erkennen. Zügig gehe ich zum Versteck. Ein umgekippter großer Stubben steht vor dem Stein und verdeckt für einen Uneingeweihten die Felsspalte zur Höhle. Mit den Händen scharre ich das Erdreich bis zur Felsspalte weg und lege die Fichtenzweige, die als Tarnung dienen, zur Seite.

Ein Griff in die Tiefe der Höhle, und vorsichtig ziehe ich die von Decken umwickelte Waffe heraus. Der kalte Stahl des alten Karabiners 98 K wirkt in meinen Händen beruhigend und vertrauenerweckend. Jetzt bin ich nicht mehr wehrlos.

Natürlich weiß ich, daß ich mein Leben verwirkt habe, wenn ich von den Amerikanern mit einer Waffe erwischt werde. Doch dazu darf es gar nicht kommen.

Schnell drücke ich vier Patronen ins Lager und lade durch. Die Vollmantelgeschosse habe ich sauber abgefeilt, so daß eine Teilmantel-Wirkung erzielt wird. Um das Aufpilzen der Geschosse zu verstärken, habe ich den freiliegenden Bleikern ein wenig angebohrt. Immer wieder sichere ich, damit ich nicht überrascht werde. Es kostet schon Nerven, um dieses „Handwerk" fast im Angesicht des Feindes auszuüben. Doch ich bin jung und habe kritische Situationen auch während der Kriegszeit überstanden. Außerdem haben alle im Forsthaus einfach Hunger. Die neun Parteien mit mindestens dreißig Personen sind Flüchtlinge und Ausgebombte, die sehnsüchtig auf ein Stück Wildbret warten. Das ehemalige alte hannoversche Lehrforstamt platzt fast vor armen Menschen, die Schutz suchen und meist nur mehr das besitzen, was sie am Körper tragen. Doch daran denke ich nur ganz kurz, denn mein Vorhaben erfordert meine ganze Konzentration.

Den Gewehrriemen um den Hals, verstecke ich den Karabiner unter dem offenen Militärmantel; ich muß blitzschnell feuerbereit sein, bevor man noch erkennt, daß ich bewaffnet bin.

Gegen 4.30 Uhr habe ich meinen Pirschbezirk erreicht und krieche unter eine alte Schirmfichte. Im starken Eichenbestand auf der anderen Wegseite habe ich vor Tagen frische Gebrächstellen festgestellt. Also müssen die Schwarzkittel hier nach Eicheln suchen.

Allmählich wird es im Osten heller. Der Tag graut. Meine Gedanken wandern dem Sonnenaufgang entgegen. Vor knapp drei Jahren durfte ich noch auf der Kurischen Nehrung, meiner geliebten ostpreußischen Heimat, meinen ersten Elch schießen. Die Welt war trotz der Kriegsereignisse im Jahre 1943 bei uns in Ostpreußen noch heil. Kein Mensch ahnte damals, daß wir zwei Jahre später heimatlos und elend unser Leben im Westen unseres Vaterlandes fristen müßten.

Immer wieder versuchen meine Augen, die Dunkelheit im Eichenbestand zu durchdringen, doch ohne Fernglas kann ich nichts ansprechen.

Nanu, bin ich denn angetrunken oder sehe ich eine Fata Morgana? Ein ungewöhnlich hoher Eichenstubben scheint sich zentimeterweise nach rechts zu bewegen. Den Karabiner auf die Böschung gelegt, versuche ich, den wandelnden Stubben über

Kimme und Korn zu erfassen. Doch ich kann als Ziel nur einen dicken Klumpen erkennen.

Jetzt müßte man ein gutes Fernglas und ein lichtstarkes Zielfernrohr haben, um das vermeintliche Wild anzusprechen und sauber schießen zu können. Doch diese Utensilien liegen gut verpackt und versteckt auf dem Hof von Verwandten im Samland, nahe der Bernsteinküste. Also für uns unerreichbar wie der Mond.

Immer wieder versuche ich, das Ziel zu fassen, doch im Augenblick kann ich nur vermuten, daß rechts der Wurf und links der Pürzel sein könnten. Mit aller Gewalt konzentriere ich mich, und als die verlängerte Visierlinie etwa hinter das Blatt zeigt, krümme ich durch.

Im Schuß macht das Stück eine gewaltige Flucht und ist sofort in der angrenzenden Fichtendickung verschwunden. Sofort lade ich die Waffe und warte mindestens zehn Minuten.

Wo sitzt die Kugel? Haben die Amerikaner den Schuß gehört? Ist das Stück über die Grenze in den Privatwald geflüchtet? Viele Fragen bewegen mich und martern mein Gehirn.

Obwohl es unterdessen fast hell geworden ist, hat es keinen Zweck, den Anschuß zu suchen, um eventuelle Pirschzeichen zu finden. Bei den großflächigen Gebrächstellen ist der Anschuß sicher nur schlecht zu finden, und ich muß jederzeit mit amerikanischem Besuch rechnen.

Einen Hund zur Nachsuche habe ich nicht. Was soll ich tun? Ich entschließe mich, die angrenzende stubenhohe Fichtendickung zu umschlagen und dann diesen Busch systematisch und reihenweise zu durchsuchen. Am westlichen Dickungsrand führt ein feuchter, fast verwachsener Holzabfuhrweg vorbei. Mit tiefer Nase überprüfe ich den Boden, ob vielleicht eine grobe Fährte oder sogar Pirschzeichen festzustellen sind. Auch das angrenzende Buchenstangenholz und einen mittelalten Fichtenbestand an der Ostseite der Dickung durchsuche ich ergebnislos.

Auf allen Vieren krieche ich die Fichtenreihen entlang, und die sperrigen Äste schlagen mir oftmals ins Gesicht. Jetzt merke ich, wie der Mantel und die Hosen naß und lehmverschmiert sind und merkliche Kühle ausströmen.

Unter einer Fichte mache ich eine kurze Pause, um zu lauschen und um mich zu erholen. Ganz zaghaft fallen die ersten Sonnenstrahlen durch das Dach der Eichenkronen. Immer wieder verhalte ich, ob das beschossene Stück nicht zu vernehmen ist, oder ob die Amerikaner in der Nähe sind.

Natürlich beurteile ich ständig die Lage und komme zum Entschluß, den Rückzug ungesehen anzutreten. Denn ich stehe bei aller Vorsicht ganz erheblich unter Zeitdruck. Wenn ich in der nächsten Stunde die Sau nicht finde, kann ich das Stück nicht ungesehen mit dem Pferdewagen heimfahren, und die Amerikaner können mich kontrollieren. Das wäre eine Katastrophe!

Mit Verbissenheit krieche ich durch die dichte und düstere Fichtendickung. Das Gewehr in der Vorhalte, arbeite ich mich mühsam durch die Reihen. Halt! Kaum fünf Schritt vor mir wetzt eine starke, schwarze Sau das Gebrech. Das Knappen der Waffen geht mir durch Mark und Bein.

Schon macht der Keiler einen Satz, um mich anzunehmen. Blitzartig rolle ich mich zur Seite und brülle ihn mit einem barbarischen Schrei an. Der Basse stoppt.

Instinktiv habe ich liegend meine Waffe in Anschlag gebracht, und schon fällt der Schuß. Kaum zwei Schritt vor mir bricht der Keiler zusammen. Noch im Todeskampf schlägt er seine Waffen aufeinander und bläst gefährlich. Sofort repetiere ich wieder und ziele auf den Wurf. Doch ich brauche nicht mehr zu schießen, da er nicht mehr schlegelt und ganz still wird.

Das war sehr knapp! Diana, hab Dank für die tatkräftige Hilfe, denn sonst würde ich vermutlich, mehr oder minder ramponiert, ebenfalls im Wundbett liegen.

Jetzt erst merke ich, daß mir die Knie zittern und ich stoßweise atme.

Still liegt der Urian – mit den Vorderläufen nach vorn – wie ein Hund in Down-Stellung. Die letzte Kugel ist am rechten Teller vermutlich ins Gehirn gedrungen und hat sofort tödlich gewirkt. Der erste Schuß sitzt mitten drauf und hat die Leber gefaßt. Erstaunlich, daß der Basse nicht viel weitergezogen ist, sondern sehr schnell ins Wundbett ging.

Ich wundere mich nachträglich, daß mein wohl furchtbarer Schrei ihn stoppte, so daß ich auf kürzeste Entfernung noch den Fangschuß antragen konnte. Zu gern hätte ich dem Braven eine angemessene Zeit lang die Totenwache gehalten, denn mein Herz macht vor Freude gewaltige Sprünge. Doch die Sonne mahnt mich, sehr schnell nach Hause zu eilen, um für den Heimtransport zu sorgen.

An den Hinterläufen versuche ich, den schweren Wildkörper in Deckung zu ziehen. Doch trotz aller Anstrengung schaffe ich es nicht. Wieviel mag der Urian wiegen? Mit einem letzten Blick auf die starken, mindestens acht Zentimeter herausragenden Gewehre und die fast schwarzen Federn, verblende ich mit einigen Fichtenzweigen den Keiler. Schnell verstecke ich den Karabiner unter einem Eichenstubben, und mit langen Schritten geht es zum Forsthaus.

Meinem Vater erstatte ich kurz und bündig Meldung, denn die Zeit drängt. Lieschen, die brave Fuchsstute, die zusammen mit Lore den Treck von Ostpreußen nach Schleswig-Holstein überstanden hat, spanne ich vor den leichten Ackerwagen.

Zügig marschieren mein Vater und ich neben dem Wagen ins steil ansteigende Revier zum Tatort, der kaum drei Kilometer vom Quartier der Amerikaner entfernt ist. Beim Anblick des Bassen rutscht es dem alten Herrn, der vor dem Ersten Weltkrieg im Baltikum starke Sauen geschossen hatte, doch heraus:

„Donnerwetter, das ist ja ein Hauptschwein, Waidmannsheil mein Junge. Der hat mindestens sieben bis acht Jahre auf dem Buckel und wiegt sicher über drei Zentner!“

Für meinen Vater, der selten jemanden lobt, ist das eine lange und anerkennende Rede. Gemeinsam ziehen wir den Bassen bis an den Dickungsrand. Ein hartes Stück Arbeit, denn unaufgebrochen wiegt er vermutlich fast vier Zentner. Schnell fahre ich den Wagen aus der Dickung, doch Lieschen, dieses lammfromme Pferd, schnaubt gewaltig und will ausbrechen. Offensichtlich hat der scharfe Wildgeruch dieses sonst so ruhige Tier in Erregung versetzt.

Mit Hau-Ruck wird der Urian auf den Wagen gehievt. Sofort plündere ich einen Reisighaufen, um unsere Fracht zu tarnen. Und rasch geht es in Richtung Forsthaus.

Hoffentlich treffen wir keinen Amerikaner oder einen allzu wißbegierigen Deutschen, der uns vielleicht denunzieren könnte.

Vor der recht steilen Abfahrt stecke ich, da der Wagen keine Bremse hat, einen kräftigen Knüppel in die Speichen, damit ein Hinterrad blockiert. Zügig geht es in die Scheune, und wir sind endlich in Deckung.

Nach kurzem Frühstück wird der Keiler abgeschwartet und zerlegt.

Schon am Nachmittag duftet es im ganzen Forsthaus nach gebratenem Wildbret, und alle Gesichter sind plötzlich froh.

Mit selbstgebranntem Rübenheimer trinken wir abends auf den Bassen. Für mich jungen Jägersmann ist die Welt nach diesem Waidmannsheil wundervoll und lebenswert, und für ein paar Stunden vergessen wir Armut, Unfreiheit und Heimatlosigkeit.

Diana, die Jagdgöttin, hat allen Menschen im Forsthaus etwas Freude und Zufriedenheit geschenkt. Und dafür ein herzliches Waidmannsdank.

Diana hilf! Die Jagd geht an!
Laß sie nach Deinem Willen gahn,
laß Bock und Hirsch und Urian
ein waidgerechtes Ende han!

Der Schrapnell-Bock

Beginn der Blattzeit im schönen Siegerland. Bei der Verlosung im Wehrbereich habe ich einen Rehbock der Klasse II b gewonnen. Nach der Meldung bei dem freundlichen Forstamtsleiter übernimmt mich der junge Revierförster G. als Pirschführer.

Drei Tage sind wir bei bestem Wetter morgens und abends im Revier, doch etwas Passendes finden wir nicht. Entweder sind die Böcke zu jung oder zu stark. Heute abend wollen wir uns in eine Überhältereiche am Rande einer Buchenverjüngung setzen. Nach Aussagen des zuständigen Haumeisters soll hier mitunter ein sehr enggestellter älterer Bock seine Fährte ziehen. Der Wind steht günstig, und so mache ich – wie gewohnt – eine Beurteilung der Lage.

Wenn ein älterer Bock halblinks aus den Buchenrauschen in die hüfthohe Fichtenkultur will oder umgekehrt, dann wird er den Grasweg, der dazwischenliegt, schnell überwinden oder sehr spät kommen. Deshalb ist hier schnelles Handeln erforderlich.

Außer ein paar Geißen mit Kitzen und einem schwachen Spießer sehen wir nichts. Die Sonne geht unter, und das Licht wird bald schwinden.

Plötzlich steht im letzten Büchsenlicht auf gut hundertzwanzig Schritt ein Bock am linken Rand der Buchenrauschen. Ein kurzer Blick durchs lichtstarke Glas zeigt: starker Wildkörper, kurzer, gedrungener Träger, Verhalten sehr vorsichtig. Die Stangen stehen sehr eng und sind eine Daumenbreite hoch über den Lauschern. Eine Vereckung als Gabler ist angedeutet. Also ein älterer Abschußbock.

Das Ansprechen dauert natürlich nur ganz kurz, denn der Bock prüft mit hohem Windfang den Wind. Außerdem reicht das Büchsenlicht gerade noch aus. Ein Blick zu G., und als dieser nickt, fällt kurz darauf der Schuß. Trotz des schwachen Büchsenlichtes glaube ich, gut abgekommen zu sein. Nach dem Schuß macht der Bock eine hohe Flucht und verschwindet in der Fichtenkultur.

Wir warten noch ein paar Minuten bis zur völligen Dunkelheit. Dann baumen wir ab, ohne zum Anschuß zu gehen. Am nächsten Morgen sind Revierförster G. und ich schon beim ersten Büchsenlicht im Revier. Vom Sitz auf der Eiche zeige ich G. Richtung und Entfernung des vermeintlichen Anschusses. Auf dem Grasweg, am Rande der Buchenverjüngung, findet mein Pirschführer den Anschuß mit Schweiß und Schnitthaar. Sehr erfreut sehe ich mir die Pirschzeichen an. Bei diesem Schweiß werden wir wohl gleich den Bock auflesen, denke ich. Da die Schweißfährte gut zu verfolgen ist, gehen wir weiter in die Fichtenkultur, bis nach etwa fünfzig Schritt keine Pirschzeichen mehr sichtbar sind.

G. und ich sind natürlich fest davon überzeugt, daß der Bock gar nicht weit gegangen sein kann. Also schwärmen wir beide aus und folgen in freier Suche der vermutlichen Fluchtrichtung. Trotz großer Mühen finden wir weder Bock noch Pirschzeichen. Und nach einer Stunde brechen wir die Suche ab. Mit unserem Latein sind wir zunächst am Ende.

G. kennt in der Nähe einen Jagdpächter, der einen brauchbaren Deutsch-Drahthaar haben soll. Und richtig, wir erwischen den gesuchten Rüdemann mit seinem gut aussehenden Braunschimmel, als er gerade vom Morgensitz abbaumen will. Selbstverständlich ist er bereit, uns mit seinem Hund zu helfen.

Schnell sind wir am Anschuß, und zügig arbeitet der Drahthaar die von uns festgestellte Wundfährte. Bis zum Ostrand der Fichtenkultur, also etwa hundert Schritt vom Anschuß entfernt, sucht er konzentriert am Riemen. Doch dann faselt er, als ob der Faden abgerissen sei.

Trotz mehrfachem Ansatz findet der Rüde keinen Anschluß. Er bögelt und wirkt fahrig. Von seinem Temperament her möchte er am liebsten frei suchen, doch damit ist uns jetzt nicht gedient. Da die Zeit vorgerückt ist und der Hundeführer pünktlich seinen Dienst antreten muß, wird die Nachsuche erfolglos abgebrochen.

G. und ich fahren nun zu einem Kollegen in der Nachbarschaft, der angeblich einen auf Schweiß geführten Wachtel hat. Wieder Ansatz am schon reichlich vertretenen Anschuß. Doch an der Ostseite der Fichten endet auch diesmal die Suche. Genauso wie der Drahthaar faselt der Wachtel und findet keinen Abgang.

Nun kommt es auf einen weiteren Versuch auch nicht mehr an. Von einem Bekannten meines Pirschführers holen wir einen auf Schweiß gedrillten Rauhhaar-Teckel. Wir erleben mit diesem Hund dieselbe Misere wie mit seinen Vorgängern.

Nun wird die Lage kritisch. Zunächst melden wir uns beim Forstamtsleiter und tragen ihm die Lage vor. Dieser beschließt, den bekannten Schweißhundeführer einer Privat-Forstverwaltung aus dem Wittgensteiner Land um Hilfe zu bitten.

Wir haben Glück, denn Oberförster J. ist gerade zu Hause und sagt seine Unterstützung an. Nach einer Stunde kommt er mit einer BGS-Hündin, die jedoch nur bedingt einsatzfähig ist, denn sie wird in vier Wochen werfen. Zusätzlich bringt er einen sogenannten Saupacker mit. Das ist eine Mischung aus Airdale- und Jagdterrier. Dieser Mischling, ein halbhoher schwarzbrauner Rüde, strotzt vor Kraft. Sein Tatendrang ist kaum zu bändigen. Er soll zur Unterstützung der Hündin bei der Hatz eingesetzt werden. Sofort weisen wir J. ein und geben kleinlaut die mißlungenen Suchversuche zu. Auch ohne unsere Beichte hätte er es gemerkt. Verärgert untersucht er sehr gründlich den Anschuß.

Man sieht seinem Gesicht an, was er denkt: Wie können zwei nicht unerfahrene Jäger eine derartige Trampelei am Anschuß dulden?

J. hält sich nicht lange bei der Vorrede auf, sondern stellt ganz präzise Fragen an mich: „Stand der Bock breit? Wo sind Sie abgekommen? Wie hat der Bock nach dem Schuß gezeichnet? Welche Patrone schießen Sie?"

Als ich ihm das Torpedo-Ideal-Geschoß im Kaliber 7 x 64

nenne, schaut er mich recht skeptisch an. Dann zeigt er auf einen Fingerhutstengel, der in einer Höhe von etwa dreißig Zentimetern abgeschossen ist. Jetzt ahne ich, was diesen Fall so kompliziert macht.

Oberförster J. übergibt seinen Packer meinem Pirschführer. „Folgen Sie mir auf zwanzig Schritt, und nur auf meinen Befehl schnallen Sie den Terrier!"

„Und Sie, Herr Schütze, bleiben zehn Schritt hinter mir, um sich schnell vorstellen zu können", spricht er mich ein wenig ironisch an. Doch das stört mich nicht, ich habe Respekt vor klaren Entscheidungen!

Bedächtig nimmt die ältere Hündin die Wundfährte auf. Bis zum kritischen Punkt ostwärts der Fichtenkultur, wo alle Vorgänger versagten, geht alles glatt. Dann bögelt sie mehrmals und zieht in ein Buchenaltholz. Schweiß verweist die Hündin schon lange nicht, obwohl J. immer wieder prüft.

Nach insgesamt einem Kilometer hat die Schweißhündin die Wundfährte offensichtlich verloren. Hat der Bock Widergänge gemacht, die auch durch Bogenschlagen nicht zu entwirren sind?

Die drückende Hitze um die Mittagszeit macht Mensch und Tier erheblich zu schaffen. Doch wir dürfen nicht aufgeben.

Nach kurzer Pause entschließt sich J., die Hündin in freier Suche zu schnallen. In einer Art Quersuche bemüht sie sich, die Fährte zu finden. Gespannt verfolgen wir die Arbeit des braven Tieres, das trotz baldiger Mutterschaft zügig und ohne Pausen sucht. Nach kurzer Zeit ist sie in einer bürstendichten Fichtendickung verschwunden.

Halt, war da nicht Hundegeläut zu hören? Hetzlaut oder Standlaut, was ist es? Sofort nehmen wir die Beine in die Hand, um an die Hündin heranzukommen.

„Schnell, rechts an den Fichten vorstellen", ruft J. mir zu.

Während ich zu meinem Stand laufe, höre ich noch seine Stimme „Packer frei!" Und wie ein Blitz saust der Terrier in die Dickung.

Plötzlich sehe ich in einer Fichtenlücke, knapp vierzig Schritt vor dem Dickungsrand, den roten Bock. Er flüchtet in meine Richtung. Die Waffe im Anschlag, warte ich konzentriert.

Als der Bock mit einer Flucht die Dickung verläßt, ziehe ich mit.

Halt, da fliegt ja der schwarzbraune Terrier durch die Luft. Das war aber verdammt knapp. Hätte ich geschossen, wären wahrscheinlich Hund und Bock im Feuer gelegen. Bei diesem gewaltigen Sprung hat der Terrier die Drossel des Bockes gefaßt und zieht ihn nieder. Ein für mich unvergeßliches Bild von Passion, Kraft und Schnelligkeit.

Nach dem Aufbrechen werden natürlich zuerst die Hunde genossen gemacht, und wir untersuchen jetzt den Bock sehr genau. Das rechte Blatt hat keinen Einschuß, sondern ist von mindestens einem Dutzend Splitter in der Größe von Stecknadelköpfen getroffen.

Diese „Schrapnellsplitter" sind kaum einen halben Zentimeter auf einer handgroßen Fläche ins Wildbret eingedrungen, ohne den Bock lebensgefährlich zu verletzen. Oberförster J. meint, daß der Bock diese Schramme sehr bald ausheilen würde, ohne zu kümmern.

Das 10,5 Gramm schwere TIG im Kaliber 7 x 64 hat sich beim Auftreffen auf den Fingerhutstengel zerlegt, und die Splitter haben das Schulterblatt getroffen, ohne zu töten. Erst durch den Einsatz eines erfahrenen Suchgespannes wurde das Rätsel gelöst und der Bock erlöst.

Mein Waidmannsdank gilt dem hervorragenden sowie stets hilfsbereiten Oberförster J., der in überzeugender Weise diese Nachsuche erfolgreich durchführte.

Als einst die Treue sich
aus dieser Welt verloren,
hat sie zu ihrem Sitz
des Hundes Herz erkoren!

Unternehmen Karelien

Abgekämpft komme ich Anfang Oktober von einer Übung nach Hause. Routinemäßig blättere ich die Jagdzeitschrift durch und stoße ganz zufällig auf eine kleine Anzeige: „Schnell entschlossener Jäger kann bei Freunden in Finnland Elche bejagen."

Die Müdigkeit ist sofort verflogen; die Verbindung zum deutschsprechenden Finnen in Norddeutschland und ein Termin zur persönlichen Absprache bei ihm werden festgelegt.

Drei Tage später sind wir bei Herrn Z. und werden dort sehr freundlich aufgenommen. Schnell sind wir uns über Termine, Unterkunft und Gebühren einig. Mit einer sehr einfachen Skizze und einem Kartenausschnitt versucht er, uns seinen Heimatort im Südosten Kareliens zu beschreiben.

Fröhlich und voll Zuversicht fahren meine Frau und ich nach Hause. Es macht uns gar nichts aus, daß wir die finnische Sprache nicht beherrschen. Denn die wichtigsten Vokabeln wie Hirvi – der Elch, Metso – der Auerhahn, Teeri – der Birkhahn, Sorsa – die Ente und Kippes – Prost, werde ich in den paar Tagen bis zur Abreise noch erlernen.

Die Fahrt mit der alten Fähre Finnlandia von Travemünde nach Helsinki dauert achtundvierzig Stunden, und bei ruhiger See ist die Reise sehr angenehm. Im Oberdeck verfolge ich auf der beleuchteten Landkarte, die jeweils unsere augenblickliche Position angibt, wie weit es noch bis zur Kurischen Nehrung ist, denn dort ist meine Heimat. Ich lege eine Gedenkminute ein – zur Erinnerung an meine unvergessene Heimat Ostpreußen, die ich auch in nächster Zeit nicht wiedersehen darf. Meine Gedanken wandern weiter nach Finnland, dem Ziel meiner jagdlichen Wünsche.

Mit 337 000 Quadratkilometern Gesamtfläche ist Finnland

fast eineinhalbmal so groß wie Westdeutschland. Seinen Namen als Land der tausend Seen verdankt es den etwa 62 000 Seen mit einem Durchmesser von über zweihundert Metern.

Nach dem Winterkrieg im Jahr 1940 verlor Finnland Ostkarelien; als Folge des sogenannten Fortsetzungskrieges an der Seite Deutschlands wurden 1944 der östliche Teil Lapplands sowie Petsamo von der Sowjetunion annektiert.

Etwa siebzig Prozent der Bodenfläche sind bewaldet. Kiefern, Fichten und Birken dominieren. Erlen, Eschen und Weiden wachsen ebenfalls in Mittel- und Südfinnland.

Der Elch – das größte wildlebende Tier des Landes – ist am häufigsten anzutreffen, denn Bären, Wölfe und Vielfraße kommen in den nordöstlichen Grenzgebieten und in der Wildnis Lapplands nur selten vor. Auerwild und Birkwild sind vor allem im südlichen und im mittleren Landesteil vertreten.

Klimatisch gehört das Land zur sogenannten Schnee- und Waldzone. Kalte Winter und warme Sommer sind typisch für dieses Klima. Doch durch den Golfstrom und die westlichen Luftströmungen ist es hier wesentlich wärmer als in anderen Ländern des nördlichen Breitengrades.

Die Sonne steht am nördlichsten Punkt Finnlands von Mitte Mai an bis Ende Juli über dem Horizont. Die Finnen nennen diese hellen Sommernächte nachtlose Nächte.

Mit rund 4,8 Millionen Einwohnern auf einer relativ großen Landfläche hat Finnland eine Bevölkerungsdichte von fünfzehn Menschen pro Quadratkilometer; sechzig Prozent der Bevölkerung leben in den Städten und in größeren Ortschaften.

Gut gestärkt durch das ausgiebige finnische Buffet mit mindestens zehn Fischarten, landen wir am übernächsten Nachmittag in Helsinki. Bei strahlendem Sonnenschein kontrolliert der finnische Zoll nur die Lizenz für meinen Drilling, ohne die Waffe selbst zu sehen, und nach etwas Herzklopfen geht es weiter in Richtung Karelien, das parallel zum Finnischen Meerbusen liegt. Bis Imatra reicht unsere Karte. Doch nun muß sich die Skizze unseres finnischen Vermittlers – ohne Angaben über Richtung und Entfernung – noch dazu bei Dunkelheit, bewähren. Mit viel Glück und einem sechsten Sinn kommen wir in einer kleinen Waldbauernsiedlung bei unserem Jagdherrn an.

Gleich nach dem Abendessen erscheinen die fünf Jagdbeständer, um uns zu beriechen. Bis auf einen, der Techniker ist, sind alle Waldbesitzer. Dieses Kennenlernen nach finnischer Art wird durch das Leeren einiger Flaschen Münsterländer Korn noch bekräftigt.

Da nur der Techniker und unser Vermittler aus Deutschland, der vor uns hierher angereist war, deutsch sprechen, ist die Unterhaltung nicht sehr flüssig. Doch je größer der Alkoholkonsum ist, desto lebhafter wird das Gespräch, bei dem ich meistens nur Zuhörer bin.

Am nächsten Morgen treffen alle Jäger pünktlich, allerdings mit verglasten Augen, um neun Uhr beim Jagdleiter ein. Dort werden die notwendigen Bestimmungen für die Durchführung der Jagd bekanntgegeben. Für mich ist es interessant, daß nur ich auf einen Hirsch waidwerken darf, während die Finnen nur Kahlwild und Kälber schießen dürfen. Diese Regelung finde ich sehr anständig, denn sie beweist mir, daß ich als zahlender Jagdgast eindeutig Vorrang habe.

A., mein Hauswirt und Jagdführer, nimmt mich in seinem Fahrzeug mit ins Revier, um mich an Ort und Stelle einzuweisen. Der Jagdleiter nimmt Timo, seinen karelischen Bärenhund, mit in seinen Wagen, um ihn mitten im Revier zu schnallen. Diese riesigen Stöberhunde, die doppelt so groß und stark sind wie die norwegischen Wolfsspitze, haben eine Schulterhöhe von mindestens achtzig Zentimetern und wiegen etwa einen Zentner.

Das Revier ist über 7.000 Hektar groß, etwas wellig und meistens mit schwachen Kiefern, Fichten und Birken bestockt.

Stärkere Bestände sieht man kaum, da durch die Reparationszahlungen nach dem Zweiten Weltkrieg der Staatswald ausgebeutet und die privaten und kommunalen Waldbesitzer von den Sowjets ausgeraubt wurden.

Unser Elchhund hat die Aufgabe, das Elchwild zu stellen, Standlaut zu geben und somit das Stück zeitweilig zu binden, damit sich der nachpirschende Jäger möglichst lautlos und unter Wind bis auf Schußentfernung heranarbeiten kann. Flüchtet der Elch, so verstummt das Geläut und der Hund folgt dem Wild. Da der Elch nur mäßig äugt, jedoch sehr gut vernimmt und hervorragend windet, spielt der Wind eine entscheidende Rolle, besonders bei dieser Jagd mit dem Hund.

Gleich an diesem ersten Jagdtag, es ist der 15. Oktober, und es hat nachts etwas geschneit, hören wir beide, A. und ich, gegen 10.30 Uhr, sehr weit entfernt, die Bail des Hundes. A. gibt die Marschrichtung mit der Hand an und murmelt „Saksa ... Hirvi!" Das soll wohl heißen: „Deutscher, jetzt ran an den Elch!"

Durch die Kieferdickungen, die mindestens stubenhoch sind, arbeite ich mich vor. Kurze Pausen werden dazu benutzt, um den Laut des Hundes und die Richtung zu erfassen sowie den Wind zu prüfen. Der mit Moos und Blaubeeren bedeckte Waldboden ist durch die Feuchtigkeit wie ein Schwamm. Plötzlich stehe ich vor einem See, der mit seinem grünblauen Wasser und dem Ufer, das von Birken gesäumt ist, wie hingezaubert erscheint. Das gegenüberliegende Ufer ist gut zu sehen, doch die beiden Seeausläufer des Gewässers, das quer zu meiner Marschrichtung liegt, sind nicht zu erkennen. Pirsche ich links oder rechts herum? Ich verlasse mich nach der Windprüfung auf meine Adlernase und umschlage den See rechts herum. Mit viel Glück nähere ich mich ganz vorsichtig dem Hundegeläut.

Es ist etwa 13 Uhr geworden. Die Dickung geht teilweise in schwaches Stangenholz über, und so kann ich Timo und die weißen Läufe eines Elches, der sich ständig im Kreise dreht, erkennen.

Ob es ein Hirsch oder ein weibliches Stück ist, vermag ich bei der Entfernung und dem verdeckten Oberkörper nicht anzusprechen. Als ich mich unter Ausnutzung des Geländes und des Windes bis auf etwa siebzig Schritt herangearbeitet habe, sind Hund und Wild plötzlich verschwunden.

Verschwitzt und ausgepumpt verhalte ich, um zu verhören. Doch kein Geräusch läßt erkennen, wo sich die „Partner" abgesetzt haben.

Nach längerer Zeit glaube ich, den Hund sehr schwach zu hören, jedoch in östlicher Richtung. Dabei taucht blitzartig die Erinnerung an die Einweisung des Jagdleiters von heute morgen auf. B. hatte anhand der Karte sehr eindringlich darauf hingewiesen, daß auf keinen Fall weit nach Osten gepirscht werden dürfe, denn die Grenze zur Sowjetunion sei nur knapp fünfzehn Kilometer von der Reviergrenze entfernt. Der Techniker hatte mir dies nochmals verdolmetscht.

Eine Orientierung mit der Karte ist bei den riesigen Dickungen ohne Linien und Anhaltspunkte so gut wie ausgeschlossen, da der Jäger querfeldein dem Geläut des Hundes folgen muß. Da öfters die Sonne scheint, orientiere ich mich grob mit Hilfe der Uhr, um so einen unbeabsichtigen Besuch beim Iwan zu vermeiden.

Auf einer kleinen Waldlichtung sehe ich eine Auerhenne, die sich im Sande hudert. Als ich mich ein paar Schritte nähere, streicht sie im Tiefflug zwischen den Kiefern ab. Und weiter geht es durch Dickungen, über Moor und durch Birkenhorste.

Gegen 17 Uhr wird es allmählich dämmerig, und ich habe nicht die Absicht, hier draußen zu übernachten. Da ich meinen Standort nicht kenne, versuche ich, nach Gutdünken – ganz grob Richtung Süden – zu gehen.

Plötzlich zischt es kurz über mir, und ein Flug Birkwild fällt in eine stärkere Überhälterbirke ein. Im Profil gegen den Himmel kann ich die Sicheln dieser sonst so scheuen „Ritter“ erkennen.

Unterdessen ist die Nacht hereingebrochen, und ich stolpere oftmals über abgebrochene Äste und den unebenen Waldboden. Hoffentlich muß ich kein Hochmoor überqueren, das wäre in der Dunkelheit nicht ungefährlich.

Und nach dem guten alten Motto: „Gott verläßt einen braven Jäger nicht“, stoße ich auf einen befahrenen Holzabfuhrweg, den ich in vermeintlich südlicher Richtung entlang gehe.

Als ob Diana mein Stoßgebet erhört habe, so höre ich noch sehr weit entfernt Motorengeräusch, und dann sehe ich die weißen Finger eines Scheinwerfers, der sich mir nähert. Mein guter Hauswirt und Jagdführer, der mich heute morgen in den Busch geschickt hat, nimmt mich freudestrahlend ins Auto.

Als Anerkennung lädt er mich zu einem Saunabesuch ein und freut sich diebisch, als die gewaltigen Hitzeschwaden mich beinahe zum Ersticken bringen. Doch die anschließende kalte Dusche wirkt erfrischend und belebend.

Mit gutem deutschen Dosenbier schmeckt das reichhaltige Abendessen mit Elchrücken und Preiselbeeren ausgezeichnet.

Im Bett erlebe ich noch einmal den interessanten, sehr anstrengenden Jagdtag, der vom Jäger eine Menge abverlangte. Aber das ist noch urtümliche Jagd, die auch dem Wild eine erhebliche Chance bietet. Mit diesem Gedanken schlafe ich ein.

Unterdessen haben wir den 20. Oktober, und ich habe bei sehr intensiver Jagd, außer zwei Alttieren mit Kälbern, einem Schmaltier und einem jungen Gabler, noch keinen Schaufler gesehen.

Wie jeden Morgen, pirschen A. und ich die sandigen Holzabfuhrwege entlang, um vor allem auf Rauhfußwild zu jagen. Es ist noch dunkel, doch Auge und Ohr gewöhnen sich rasch an diese Stimmung.

Plötzlich verhofft A., drückt sich an eine Jungfichte und deutet ganz vorsichtig auf die Spitze einer stark beasteten, einzelnen Fichte. Auch mit meinem 8x56-Fernglas kann ich nur schemenhaft den Umriß eines stärkeren Vogels erkennen.

Meiner Ansicht nach ist es ein Auerhahn, der laut- und reglos am Stamm verharrt. Auch glaube ich, daß er den Stingel etwas reckt und unruhig wird. Da jedoch Auerwild nur ausnahmsweise geschossen werden darf, plädiere ich auf Birkhahn.

Diese Konversation, Metso (Auerhahn) und Teeri (Birkhahn) zwischen mir und A., hält selbst ein charakterfester finnischer Hahn – trotz der Entfernung von gut einhundert Schritt – nicht aus. Er reitet ab und fällt auf etwa neunzig Schritt in die Spitze einer einzelnen Birke ein. Nun ist er eindeutig als die Silhouette eines Auerhahns zu erkennen.

Dann kommt von A. das entscheidene Kommando: „Bumm – Bumm!“

Außer Prost und diesem Kommando kennt mein Guter nämlich kein deutsches Wort. Schnell gehe ich daraufhin an einem

Windwurf in Anschlag, das Ziel etwas hoch gefaßt, und schon ist die 22-Magnum-Kugel aus dem Einstecklauf meines Drillings heraus.

Mein braver A. ist ganz erstaunt, daß es gar nicht laut geknallt hat und der Auerhahn wie ein Stein vom Baum fällt.

Wir finden den Auerhahn nicht sofort, doch nach einer Weile kann ich ihn unter einem Windwurfteller – durch Preiselbeerkraut verdeckt – aufnehmen. Offensichtlich hat er sich mit letzter Kraft in diese Deckung geschoben.

Glücklich streiche ich über sein schillerndes Gefieder. Aus dem Brocker tropft purpurrot der Schweiß. Die Oberbrust ist grün und die Unterbrust schwarzweiß gesprenkelt. Am Stoß erkennen wir, daß er ein Kämpe ist, denn die Schaufel ist teilweise erheblich beschädigt. Das Gewicht und der starke Kehlbart weisen ihn als mindestens fünfjährigen Hahn aus.

Immer wieder muß ich dieses herrliche Geschöpf betrachten, und außer Erlegerstolz empfinde ich auch etwa Wehmut. Doch schließlich siegen der Beutetrieb und die Freude über den jagdlichen Erfolg.

Pünktlich um 9 Uhr trifft sich die Jagdgesellschaft beim Jagdleiter, um die neuen Instruktionen zu erhalten. Noch immer gilt, daß nur der Saksa Everesti einen Hirsch schießen darf. Der Sohn eines Beständers hat ein starkes Elchkalb geschossen, und damit ist hoffentlich der Bann gebrochen.

Heute bringt mich A. mit meinem Wagen ins Revier. Die Sonne scheint auf das bunte Laub der Birken, und Birkwild streicht regelmäßig von einem See zum anderen, wo es teilweise leise balzt. In der Nacht hat es etwas gefroren, und die Sonnenstrahlen schaffen es noch nicht, den Rest Schnee zwischen dem Moos und dem Heidekraut zu schmelzen.

Der gute Timo, unser bewährter Elchhund, gibt in Richtung Westen Laut, und in gewohnter Manier werde ich von A. im Revier abgesetzt.

Nach der Pirsch durch eine Fichtendickung stoße ich plötzlich auf ein breites Hochmoor, das mit einzelnen Birken bestockt ist.

Bei dieser Pirsch über das Moor könnte ich eventuell danebentreten, im Moor versinken und als interessante Moorleiche vielleicht in hundert Jahren wieder gefunden werden.

Doch Glück muß der Jäger haben, und so lande ich – nachdem ich diese interessanten Hindernisse überwunden hatte – wohlbehalten am Rande einer Kieferndickung.

Der Hund gibt ständig Laut, und ich habe den Eindruck, daß sich das Geläut mir sogar nähert. Doch dieses harte Knirschen des gefrorenen Heidekrautes erschwert das Pirschen erheblich. Vorsichtig wie ein Fuchs arbeite ich mich langsam vor, um ja kein störendes Geräusch zu machen.

Was blinkt denn dort so hell zwischen den dunklen Kiefern? Kann das wieder ein See sein, der mein Vorhaben behindert und meinen Plan zunichte macht? Um Klarheit zu bekommen, muß ich noch weiter in Richtung Hundegeläut und damit auf die helle Stelle zugehen. Ein kleiner Hügel, den ich mühsam erreicht habe, gibt mir die Sicht frei. Und siehe da, ich stehe mal wieder vor einem wunderschönen hellblauen See, dessen Ausmaße nicht zu erkennen sind.

Unterdessen höre ich den Hund nicht mehr und bin schon verärgert, weil Witterung, Gelände und Wild mir das Leben so schwermachen. Da ein weiteres Pirschen bei dieser gefrorenen Bodendecke wenig sinnvoll erscheint, mache ich eine kurze Pause und sehe mich um, ob eventuell eine Lücke, eine Schneise oder ein Vorfluter mir Schußfeld bieten könnten.

Achtung, ist dort nicht die Stimme des guten Timo zu hören?

Nun wird es aber Zeit, daß ich in diesem Jungwuchs endlich Schußfeld finde, denn der Laut scheint sich mir zu nähern.

Und wieder hilft mir Diana. Kaum dreißig Schritt von meinem jetzigen Standort entfernt erkenne ich eine etwa fünf Meter breite, mit Jungbirken bestandene Schneise, die quer zum Hundegeläut verläuft. Sofort pirsche ich vorsichtig zum Dickungsrand, damit ich die Schneise als Schußfeld nutzen kann. Im Geiste stelle ich mir vor, wo das so sehnlichst erwartete Gespann erscheinen könnte.

Weshalb gibt der Hund nicht Laut? Hat er den Elch oder die

Fährte verloren? Hat der Elch von mir Wind bekommen oder mich sogar beim Pirschen vernommen? Angestrengt lauschend glaube ich, leises Knacken von Ästen zu hören. Sofort das Zielfernrohr herunter, die Waffe entsichert und in Richtung Schneise in Anschlag gegangen. In meinen Ohren summt es vor Erregung, und die vertraute Waffe – krampfhaft gehalten – wird bleischwer.

Plötzlich, wie von Geisterhand hingezaubert, überfällt auf etwa siebzig Schritt ein dunkler Schaufler die Schneise. Instinktiv gebe ich einen Schnappschuß ab und glaube, hoch abgekommen zu sein. Und wie vom Blitz getroffen, bricht der Elch in der Fährte zusammen. Ein kurzes Heben des Hauptes mit den starken Schaufeln ist noch das einzige Lebenszeichen.

Mit zitternden Händen lade ich sofort wieder den Drilling, denn bei diesem Zeichen kann es auch ein Krellschuß sein.

Im Anschlag verharre ich mehrere Minuten, die mir wie eine Ewigkeit vorkommen. Doch der Schaufler regt sich nicht mehr.

Langsam löst sich die Spannung, und vorsichtig pirsche ich mit schußbereiter Waffe zu meiner Beute. Im herbstgelben Gras, das von einzelnen bunten Birken umgeben ist, liegt der fast schwarze nordische Recke in der Sonne. Ein Glücksgefühl steigt in mir auf, und die Freude schnürt mir fast die Kehle zu. Ich bin von dem Anblick berauscht, denn der ungerade Zweiundzwanzigender mit breiten Schaufeln und einer guten Auslage erinnert mich an die besten Schaufler in meiner Heimat Ostpreußen.

Ein langgehegter Wunsch ist in Erfüllung gegangen.

Diana habe Dank für mein Waidmannsheil!

Nun hat Timo von seinem Elch Besitz genommen und verteidigt diesen mit fletschenden Zähnen und bösem Knurren. Seine Haltung ist so eindeutig, daß ich mindestens drei Schritt vom Schaufler bleiben muß, damit er mir nicht die Hosen flickt.

Vor Freude über mein Waidmansheil habe ich ganz vergessen, drei Schüsse in schneller Folge abzugeben als Signal für die Erlegung eines Elches. Doch meine finnischen Freunde finden mich auch so und beglückwünschen mich recht stürmisch zu meinem Jagderfolg.

Jetzt erst kann ich meinen braven Schaufler richtig befassen, denn Timo wird an einer Birke abseits festgemacht.

Jetzt bin ich innerlich gelöst und freue mich unbändig wie ein kleiner Junge, dem der Herrgott ein großes Geschenk beschert hat.

Unterdessen sind meine finnischen Freunde und noch einige Jagdnachbarn am Erlegungsort fast vollständig versammelt. Mit Händen und Füßen mache ich dem Sohn meines Hauswirtes klar, daß er aus meinem Fahrzeug, das irgendwo im Karelischen Busch steht, eine Portion Münsterländer Korn holen soll. Nach kurzer Zeit – der Junge muß gerast sein – kommt er mit einem Karton des westfälischen Freudenspenders.

Es geht auf Mittag zu, die Sonne wärmt angenehm und die Stimmung steigt erheblich. Unterdessen ist auch meine Frau von meinen finnischen Freunden hergefahren worden und freut sich ebenfalls über meinen Jagderfolg.

Ein Nachbar und Jäger, der Vetter meines Hauswirtes, winkt mich zum Schaufler und will offensichtlich von mir wissen, wo denn der Schuß sitzt. Grinsend zeige ich ihm oberhalb des Blattes ein winziges Loch im Rückgrat, das der Einschuß ist.

Für mich also ein Beweis, daß ich trotz des Voranschlags, in Erwartung des Wildes, nicht schnell genug fertig geworden bin.

Keine drei Zentimeter höher und ich hätte glatt gefehlt.

Mein interessierter Beobachter nickt anerkennend, denn er glaubt, daß ich bewußt und gekonnt das Rückgrat getroffen habe.

Da die Stimmung immer höhere Wellen schlägt, jedoch niemand Anstalten macht, den Schaufler aufzubrechen, entschließen sich meine Frau und ich, die Rote Arbeit zu verrichten. Am schwersten ist es zunächst, den Hirsch in eine entsprechende Seitenlage zu hieven. Wütend darüber, daß uns kein Finne hilft, arbeiten wir wie verbissen. Bis auf das Aufbrechen des Schlosses haben wir schwitzend und vor Ärger still fluchend den Elch vorschriftsmäßig versorgt.

Jetzt tritt Eino, der interessierte Schuß-Beobachter, an den Hirsch und schöpft mit beiden Händen den Schweiß aus der Brusthöhle, um ihn genußvoll und laut schlürfend zu trinken. Einzelne Schweißtropfen bleiben in seinem Stoppelbart hängen, und im Geiste stelle ich mich darauf ein, seinem Beispiel folgen zu müssen. Doch wider Erwarten verlangt er diese besondere sakrale Handlung nicht von mir.

Da ich befürchten muß, daß die schon stark angeheiterte Gesellschaft meinen Schaufler nicht mehr heil bergen kann, dränge ich auf den Abtransport des Wildbrets. Ein starkes Seil wird um den Träger geschlungen, und mit vielen Zurufen und Ermunterungen wird der Schaufler im Mannschaftszug etwa fünfhundert Meter aus dem Busch gezogen, wo ihn dann ein Traktor aufnimmt.

Im Quartier angekommen besuchen wir nochmals die Sauna und eilen anschließend hungrig und durstig zur Tafel.

Natürlich dreht sich die Unterhaltung fast ausschließlich um die Elchjagd und besonders um meinen guten Schaufler. Nun möchte ich doch gerne wissen, weshalb mir die sonst so hilfsbereiten Jagdkameraden die Hilfe beim Aufbrechen des Wildes versagt haben. Verwundert höre ich, daß von allen Finnen dieser Jagdgesellschaft nur ein einziger die rote Arbeit versteht und gerade dieser Waidgeselle heute bei der Jagd gefehlt hatte. Als ich ihnen daraufhin erkläre, daß in Deutschland vom Schützen bis zum General jeder Jäger sein gestrecktes Wild versorgen müsse oder könne, sind meine Jagdgesellen ziemlich sprachlos; daß ich im Revier meines Vaters auf der Kurischen Nehrung schon 1943 Elchwild bejagen durfte und vorher natürlich bei der Roten Arbeit geholfen hatte, überraschte sie ebenfalls.

Die nächsten Tage meines Aufenthaltes verbringe ich mit Pirschen und mit Ansitz auf Birkwild. Außerdem darf ich mich am Kahlwild-Abschuß beteiligen.

Dabei fällt mir ein kleines Erlebnis ein.

Im Morgengrauen fahren mein Jagdleiter und ich langsam an Wiesen und Hochmooren vorbei, um auf Kahlwild zu Schuß zu kommen. Beim ersten Büchsenlicht erkennen wir am Rande einer Blöße ein Alttier mit zwei Kälbern. Eines davon ist auffallend schwach. Ich rolle aus dem Wagen und gehe an der erhöhten Wegböschung in Anschlag, während mein Fahrer weiterfährt und die Aufmerksamkeit des Wildes auf sich zieht. Obwohl es rund zweihundert Schritt bis zum Rudel sind, habe ich keine Bedenken zu schießen, denn die Waffe im Kaliber 7 x 65 R, mit dem 10,5 Gramm TIG-Geschoß, ist auf 175 Meter eingeschossen.

Im Schuß macht das Kalb eine schwache Flucht nach vorn und verschwindet im Unterholz. Mein guter Jagdführer kommt wie ein Wilder mit dem Wagen zurückgerast, gestikuliert mit den Armen, und schon sausen wir zum Anschuß. Mit schußbereiten Waffen pirschen wir schnell zum Waldrand vor, wo das Kalb schon fast verendet liegt. Lediglich mit einem Hinterlauf schlegelt es ganz schwach. Doch B. stürzt zum Stück und gibt, meiner Ansicht nach völlig überflüssig, aus kürzester Entfernung dem Kalb einen Fangschuß aufs Haupt. Nun erklärt mir der Techniker, daß es nach finnischem Recht ein großes Vergehen ist, wenn ein Stück Wild krankgeschossen und dann nicht gefunden oder nur verludert gefunden wird. Dieses Jagdvergehen wird meistens mit einer hohen Geldstrafe, dem Entzug des Jagdscheines und dem Entzug der Jagdlizenz geahndet.

Deshalb diese Reaktion, um ja kein Gesetz zu verletzen.

Da auch der schönste Urlaub einmal zu Ende geht, müssen wir uns für die Abreise rüsten. Daß wir außer dem Geweih natürlich auch die Elchdecke mitnehmen wollen, ist für uns selbstverständlich.

So wird die Decke auf dem Rasen ausgebreitet, die Innenseite tüchtig mit Salz bestreut und anschließend wird die Decke fest zusammengerollt.

Doch was ist das? Hunderte von Hirschläusen krabbeln – wie Bienen auf der Wabe – auf dem dichten Haar herum. Als unser Freund aus Helsinki dieses Gewimmel von Hirschläusen sieht, ruft er ganz entrüstet: „Dies muß Elch aus Rußland sein, anständiger Finne nicht so verlaust!"

Mit herzlichem Dank verabschieden wir uns von unseren gastfreundlichen und hilfsbereiten finnischen Freunden, die uns herrliche Tage, mir vor allem viel Waidmannsheil im Land der tausend Seen beschert haben.

Afrikanisches Scherzo

Nach gründlichem Abwägen kommen meine Frau und ich zum Entschluß, eine kombinierte Urlaubs- und Jagdreise nach Südwestafrika zu unternehmen.

Damit ich Jägersmann auch jagdliche Freuden erleben kann, prüfen wir eine Reihe von Jagdangeboten, um sie dann wieder zu verwerfen. Schließlich entschieden wir uns für eine Jagdfarm nördlich von Windhuk, nicht weit von der angolanischen Grenze entfernt.

Pünktlich am 12. August starten wir mit einer Maschine der South African Airways in Frankfurt und kommen nach fünfzehn Stunden wie gerädert in Windhuk an. Die engen Sitze und schmalen Reihen beeinträchtigen erheblich die Bequemlichkeit, und mit einer Körperlänge von hunderteinundneunzig Zentimentern und zwei Zentnern Lebendgewicht fühle ich mich regelrecht drangsaliert und gemartert. Doch die Vorfreude auf jagdliche Erlebnisse im afrikanischen Busch lassen diese Plage rasch vergessen.

Am Vormittag des nächsten Tages werden wir am Terminal in Windhuk von einem Beauftragten der Jagdfarm abgeholt. Es ist W., ein junger Schweizer, der als Weltreisender auch das Leben auf einer Farm in Südwestafrika kennenlernen will.

Bei unserer Fahrt durch den afrikanischen Busch nach Norden sehen wir Warzenschweine und vereinzelt Große Kudus auf größere Entfernungen. Auf der Reise durch diese grandiose Landschaft fällt mir auch die mit Deutschland verknüpfte Geschichte dieses herrlichen Landes ein.

Nach über sechs Stunden Autofahrt auf teilweise staubigen Landstraßen landen wir ziemlich müde auf der Jagdfarm. Die Frau des Farmers, eine Dame Mitte sechzig, begrüßt uns freundlich und lädt uns sofort zum Kaffee ein. Anschließend machen wir unsere erste Erkundung auf dem Farmgelände. Das alte Wohnhaus mit den Nebengebäuden ist vor dem Ersten Weltkrieg erbaut worden. Der Großvater des heutigen Eigentümers hat diesen Besitz in den neunziger Jahren des vorigen Jahrhunderts als kaiserliche Poststelle gegründet.

Jetzt, am Ende des afrikanischen Winters, sieht die Vegetation noch grau aus, doch wenn der lang erwartete Regen kommt, wird es über Nacht nicht nur grün, sondern viele Büsche blühen herrlich.

Am Schwimmbecken treffen wir den Besitzer der Farm, Herrn B., meinen neuen Jagdherrn; er hatte 1939 am Polenfeldzug als Kriegsfreiwilliger der Wehrmacht teilgenommen und war am linken Bein schwer verwundet worden. Er erklärt uns, warum er sich für die jagdliche Nutzung seiner Farm entschlossen hatte.

„Schauen Sie, auf meiner gut 7.000 Hektar großen Farm habe ich schon vor über zehn Jahren die Rinder abgeschafft, da die Preise sehr niedrig sind, das Risiko bei ungünstigem Wetter aber sehr groß ist. In den fünfziger Jahren habe ich über fünf Jahre meine Farm mit Kind und Kegel sowie den Rindern verlassen müssen, weil es jahrelang nicht geregnet hatte und die Rinder einfach verhungert wären. Deshalb mußten wir Hunderte von Kilometern wandern, um so einer Katastrophe zu entgehen. Nach diesen Wanderjahren hatte ich einen Verlust von mindestens einer halben Million Rand. Um diese Verluste wieder aufzuholen, mußte ich viele Jahre sehr hart arbeiten. Mitte der sechziger Jahre habe ich dann diesen Betrieb auf eine lizensierte Jagdfarm umgestellt, um zahlende Jagdgäste fast das ganze Jahr über aufzunehmen. Bei mir kann jeder Jagdgast einen Großen Kudu, zwei Oryx-Antilopen, einen Warzenschweinkeiler und ausnahmsweise auch ein Bergzebra erlegen."

Am nächsten Morgen, es ist noch ziemlich kalt, denn nachts hat es gefroren, wollen wir zur ersten Erkundung in den Busch, damit ich einen Überblick über das Revier und den Wildbestand bekomme. In einem uralten Jeep, Baujahr 1944, kommen wir an den sauberen kleinen Häusern der schwarzen Farmarbeiter vorbei.

„Die Wohnungen Ihrer Arbeiter sehen ja noch so neu und gut aus“, sage ich zu B.

„Na ja, die stehen ja erst seit knapp zehn Jahren und wurden von mir eigentlich gegen den Willen der Farmarbeiter erbaut!“

„Wieso gegen den Willen der Schwarzen; diese hübschen Flachbauten sind doch sehr geräumig und wohnlich?“

„Ja, das habe ich auch geplant, bevor ich die alten Bretterbuden aus der Zeit meines Großvaters abreißen und diese massiven Gebäude errichten ließ. Doch wir dürfen unseren eigenen Maßstab als Weiße hier nicht anlegen, und über Geschmack läßt sich bekanntlich streiten. Diese Hottentotten wollen eng beisammen leben und haben ganz andere Vorstellungen von Wohnkultur.“

„Was ist das für ein Dreibein vor einem dieser Häuser?“ frage ich.

„Das ist der einheimische Familienherd, auf den ein großer Bottich gestellt wird, um den ewig gleichbleibenden Eintopf zu kochen. Hier kocht man immer das gleiche eintönige Essen: Eintopf aus Hirse und Kudufleisch oder aus Mais und Oryxwildbret. Sie haben eben einen anderen Geschmack als wir. Und abends sitzt die gesamte Hottentottenfamilie – vom Großvater bis zum Enkel – an der Feuerstelle, um zu essen, zu rauchen und oftmals reichlich Alkohol zu trinken, bis spät in die Nacht hinein.

Obwohl es häufig bitter kalt ist, wird der Herd, der als Kochstelle wie als Heizung dienen könnte, nicht benützt, da es uralter Brauch ist, draußen am Feuer zu lagern. Nur aus Pietät und Respekt vor uns Weißen wird dieser Herd nicht einfach in den Busch geworfen, um zu verrotten!“

Unterdessen sind wir durch ein trockenes Flußbett gefahren, das von uralten, teilweise abgestorbenen Baumstämmen gesäumt ist. Dieses Hochland liegt etwa eintausendzweihundert Meter über dem Meer und ist größtenteils mit Dornenbäumen und -büschen bestockt. Mit seinem teilweise hohen Steppengras und den stacheligen Hakkisbüschen hat es den Charakter einer

Steppe oder Savanne. Rechts von uns ragt ein besonders großer einzelner Kugelbaum aus den Büschen hervor. An seinen Ästen hängen mehrere Dutzend flaschenähnliche gelbe Körper.

„Das ist eine Akazie, die mit vielen Nestern der Webervögel bestückt ist", erklärt mir B.

Plötzlich hält der Wagen. „Sehen Sie halblinks auf zweihundert Schritt die Kudus?"

Obwohl ich als älterer Jäger und Soldat glaube, ein geschultes Auge für die Jagd und das Gelände zu haben, kann ich zunächst nichts erkennen. Erst als sich das Wild zwischen den Büschen bewegt, kann ich es ansprechen. Die graubraune Farbe der Decke tarnt es in dem gelben Gras und den bräunlichen Ästen hervorragend.

Doch es sind nur ein paar junge Bullen und einige Stücke Kahlwild, die sich sehr schnell verdrücken.

Weiter geht es durch stacheliges Buschgelände, vorbei an einem steinigen Dolomithügel von ungefähr vierzig Metern Höhe und hundert Metern Länge. B. hält an.

„In diesen Hügeln haben Affen und Erdhörnchen ihre Baue, doch beide Tierarten sind scheu, so daß man sie nur selten sieht. Bei uns richten die Affen kaum Schaden an, weil wir keinen Acker-, Obst- oder Gemüseanbau betreiben. Doch östlich von uns richten sie in den Plantagen und Feldern erheblichen Schaden an."

Unterdessen ist es 10 Uhr geworden, und fast schlagartig wird es angenehm warm, so daß wir die Pullover ausziehen können. Mit dem Fernglas leuchte ich immer wieder die Steppenlandschaft ab.

Halt, was ist denn das für ein großer Vogel, der auf etwa dreißig Schritt durch den Busch schreitet?

„Das ist ein Sekretär, der mit seinem Haarbüschel am Kopf würdevoll das Revier nach Schlangen absucht und sich davon offensichtlich recht gut ernähren kann!"

Die Fahrspur führt wieder durch dichteres Buschgelände, und jetzt heißt es, besonders aufzupasen, damit wir nicht unvorbereitet auf Wild stoßen.

Was springt dort am Termitenhügel so plötzlich ab?

„Ein Warzenschweinkeiler, und zwar ein recht guter, war schneller als wir“, kommentiert B.

Der graue Keiler mit starken Waffen und den kaum sichtbaren Tellern ist im Vergleich zum europäischen Schwarzwild im Wildbret gering.

Plötzlich hält der Jeep und B. deutet mit der Hand in halbrechte Richtung.

„Sehen Sie die Oryx unter dem starken Köcherbaum?“

„Ja, ich sehe fünf Stück mit schwarzweißen Masken und langen Gehörnen!“

Obwohl die Entfernung doch mindestens hundertfünfzig Schritt beträgt, und das Wild sehr gut durch Büsche gedeckt ist, hält es unseren Beobachtungshalt nur ein paar Sekunden aus.

Unterdessen sind wir zu einer freien Fläche gekommen, in deren Mitte eine Wasserstelle angelegt ist. Dieses Becken ist aus Beton gefertigt und hat eine Breite von etwa sechs Metern. In der Mitte ist ein zwanzig Meter tiefer Brunnen mit einem Pumpwerk. Um Wasser in diese Betonschale zu pumpen, wird der Jeep an den Rand des Beckens gefahren. Dann wird ein Treibriemen auf das Schwungrad des Fahrzeuges und auf das Antriebsrad der Brunnenpumpe gelegt. Wenn der Riemen straff gespannt ist, wird mit ganz wenig Energie Wasser für das Wild heraufgepumpt.

„Sehen Sie, das sind die Lebensadern in meinem Revier. Ohne Wasser kann hier kein Lebewesen gedeihen. Deshalb muß durch Motor- oder Windkraft dafür gesorgt werden, daß dieses Elixier ständig zur Verfügung steht“, erklärt B.

„Wie viele solche Wasserstellen müssen denn in Ihrem Revier betrieben werden?“

„Genau siebenundvierzig Stellen sind es, die meine Frau oder ich täglich überwachen!“

Es ist unterdessen sehr warm geworden, doch die Temperatur von vierundzwanzig bis sechsundzwanzig Grad Celsius ist angenehm, denn die Luftfeuchtigkeit ist gering.

Auf der Rückfahrt zur Farm, kurz vor dem Mittagessen, halten wir in einer schmalen Schlucht, um meinen Repetierer zu überprüfen. Auf zweihundert Metern Entfernung sitzen alle drei Schüsse im Ziel, keine zehn Zentimeter voneinander entfernt. B. ist mit diesem Resultat zufrieden und murmelt vor sich hin: „Wenn die Schüsse auf Wild auch so gut sind, kann nicht viel schiefgehen!"

Da der Farmer grundsätzlich nicht vom Fahrzeug aus oder in der Nähe der Wasserstellen schießen läßt, um das Wild nicht noch unauffälliger werden zu lassen, scheint mir auf Grund dieser kurzen Einweisung die Bejagung doch recht schwierig zu sein.

In den nächsten Tagen bin ich morgens, mittags und am Abend im Revier, um zu pirschen und anzusitzen. Jedoch ohne Erfolg. Geführt werde ich abwechselnd vom Farmer oder vom jungen Schweizer, der zwar wenig Jagderfahrung hat, doch recht revierkundig und umsichtig ist.

Wieder sitzen wir, das heißt B. und ich im Lkw, um an der Nordostgrenze des Revieres unser Heil zu versuchen. Es ist später Nachmittag, die Sonne wärmt uns angenehm.

Unweit der Farm sehen wir ein Warzenschwein in den Dornenbüschen verschwinden.

„Das war ein starker Keiler, der hatte enorme Waffen", rutscht es mir so heraus.

„Ich glaube, das war eine alte Bache, die mit ihrem Backenbart starke Waffen vorgetäuscht hat. Im Gegensatz zum europäischen Schwarzwild haben unsere Warzenschweine und besonders die älteren Stücke gut eine Handbreit unterhalb der Teller helle und lange Borsten. Diese langen und starken Borstenbüschel nennen wir hier Backenbart.

Wenn man eine ältere Bache nur sehr kurz oder bei schlechtem Licht von vorn oder hinten sieht, täuscht das Backenbartprofil starke Keilerwaffen vor. Und so mancher Jäger, der sonst mit Schwarzwild Erfahrung hat, hatte schon bei ungünstigem Licht und schnellem Ansprechen statt eines Keilers eine alte Bache gestreckt, deren Waffen natürlich wesentlich schwächer sind."

Da es in den letzten Tagen geregnet hatte, blühen nun plötzlich Büsche, Bäume und Gräser in den herrlichsten Farben. Die Hakkisbüsche leuchten goldgelb und lassen ihre scharfen und gefährlichen Widerhaken nicht sehen. B. erzählt von ihnen eine schaurige Geschichte.

„Als vor mehreren Jahrhunderten die Ovambos mit ihren Viehherden das Land durchstreiften, setzten sie Hottentottensklaven als Viehhirten ein, denn sie selbst waren viel zu stolz, um diese niedrige Arbeit zu verrichten. Wenn durch das Verschulden der Sklaven Vieh verloren ging, wurden diese Hirten grausam und zur Abschreckung anderer bestraft. Dazu packten zwei Ovambos den Übeltäter, der nackt war an Füßen und Händen, und warfen ihn kurzerhand mit Schwung in einen dichten Hakkisbusch. Durch sein Körpergewicht sank das arme Opfer immer tiefer in den Busch, und je mehr er versuchte sich zu befreien, umso schlimmer waren die Wunden, die die Stacheln in den Körper des Opfers rissen.

Unter furchtbaren Schmerzen verbluteten diese armen Menschen oft nach Stunden, denn sie konnten sich selbst niemals aus dem Busch befreien und so retten."

B. fährt nun ganz langsam und zeigt nach rechts. Auf gut fünfzig Schritt reckt eine Giraffe ihren Kopf über mindestens vier Meter hohe Büsche. Es sieht so aus, als ob dieses riesige und schöne Tier mit der wunderbar gezeichneten Decke uns Störenfriede vorwurfsvoll ansehe. Mit der starken Optik kann ich den Gesichtsaudruck und die dunklen Lichter dieses herrlichen Geschöpfes sehr gut erkennen.

Inzwischen haben wir den entsprechenden Revierteil erreicht, lassen den Geländewagen in der Spur stehen und pirschen ganz vorsichtig unter Wind auf einen Dolomithügel zu, um dort anzusitzen. Hinter einem kleinen Termitenhügel, der wie eine Warze aussieht, raschelt es plötzlich in nächster Nähe. Nach ein paar Sekunden der Spannung löst sich das Rätsel.

Völlig friedlich kriecht ein etwa einhundertzwanzig Zentimeter langer Alligator auf acht Schritt Distanz durch das Gras, um vermutlich an einer Wasserstelle nach Beute zu suchen

Nach weiteren zwanzig Minuten erreichen wir den Dolomithügel und richten uns nach Prüfung des Windes am halben Hang zum Ansitz ein, mit dem Rücken zum Gestein. Nach vorne und nach beiden Seiten hin ist das Gelände vor uns nur mit mannshohen Büschen bestockt. Die Zwischenräume dieser stacheligen Jungpflanzung bieten jedoch ein ausreichendes Beobachtungs- und Schußfeld.

Da wir im Dolomitgestein in einer Höhe von etwa sieben Metern sitzen, haben wir auch von oben eine günstige Beobachtungsmöglichkeit, außerdem gibt es kaum Stellen, die nicht einzusehen sind.

Obwohl wir noch mindestens drei Stunden Büchsenlicht haben, ist es zweckmäßig, daß wir möglichst still sind, denn das Wild ist zwischen den Wasserstellen und der Äsung auch tagaktiv.

B. weist nach links und zischt leise: „Auf dreihundert Schritt eine Herde Bergzebras – hier bei uns eine Rarität!"

Interessiert beobachte ich dieses seltene und scheue Wild, das im Schatten eines gewaltigen Köcherbaumes ruht. Da ich Reiter und Pferdeliebhaber bin, erwecken diese herrlichen Geschöpfe in mir keine Jagdbegierde. Deshalb habe ich zum Erstaunen des Farmers gleich zu Beginn der Jagd auf die Erlegung eines Bergzebras verzichtet.

Auf zwanzig Schritt turnt in einem Busch ein bunter Vogel. Es ist der Reichsvogel in den Farben des Deutschen Kaiserreiches schwarz-weiß-rot, der uns hier die Zeit vertreibt. Plötzlich bewegt sich unter einigen Büschen auf Schrotschußentfernung etwa ein Dutzend Vögel; sie sehen wie Rebhühner aus. „Es sind Frankoline, die auf der Suche nach Käfern und Larven sind", flüstert mir B. zu.

Ruckartig hebt B. sein Fernglas und deutet kaum merklich nach rechts.

„Achtung, Oryx im Anwechseln", murmelt er ganz leise.

Auch ich kann auf mindestens dreihundert Schritt Oryxantilopen erkennen, doch vermag ich im einzelnen nicht anzusprechen, ob Stücke und welche Stücke jagdbar sind.

Ganz vorsichtig wechselt das Rudel, dessen Stärke ich nicht

feststellen kann, nach links und damit in eine für uns günstige Richtung. Langsam schieben sich die Tiere mit der schwarzweißen Maske und dem weißen Windfang durch die gelben Büsche.

Fieberhaft versuchen wir, einen jagdbaren Bullen anzusprechen. Doch die ständige Bewegung der Wildkörper und die gute Tarnung durch die Zweige erschweren uns dieses Vorhaben sehr.

„Der vorletzte Bulle rechts ist gut. Beeilen Sie sich. Lange hält das Rudel nicht aus. Halten Sie mitten aufs Blatt", flüstert mir B. zu.

Zwischen zwei kleineren Büschen kann ich den starken Wildkörper mit der lang aussehenden Trophäe ansprechen. Doch das Blatt ist noch verdeckt.

Diana hilf, daß er einen Schritt vorwärts zieht und das Blatt freigibt. Mein Hilferuf wird wirklich erhört. Der Bulle schiebt sich vor, und das Blatt ist frei. Im Schuß ruckt der Bulle kaum merklich zusammen und flüchtet im Troll ins dichte Gebüsch.

„Der hat ja kaum gezeichnet", murmle ich leise.

„Ja, unser afrikanisches Wild ist sehr schußhart und zeichnet manchmal selbst bei guten Schützen gar nicht!"

Wie üblich, will ich auch hier eine Zigarettenlänge abwarten, um dann zum Anschuß zu gehen. Doch der Farmer drängt sofort zum Aufbruch, denn wir haben nur noch eine knappe halbe Stunde bis zum Einbruch der Dunkelheit, und die Abenddämmerung ist in diesen Breitengraden sehr kurz.

Glücklicherweise finden wir den Anschuß sehr schnell. Der helle Lungenschweiß ist wie mit einer Gießkanne im Gras verteilt.

Mit einem Blick schätze ich die Schußentfernung auf gut zweihundert Schritt.

B. richtet sich nach kurzer Begutachtung der Pirschzeichen auf und sagt mit klarer Stimme:

„Zielfernrohr abnehmen, mir folgen und auf alles schießen, was sich uns nähert!"

Da wir keinen Hund zur Nachsuche haben, arbeitet B. die Wundfährte in guter Schweißhundmanier. Nur bei den Haken und Abzweigungen verweist er nicht mit der Nase in der Schweißfährte. So geht die Nachsuche zügig weiter, und ich hoffe bei jedem Busch, daß der Beschossene dahinter liegt. Deshalb achte ich weniger darauf, ob sich uns Wild nähert. Obwohl der Auftrag Sicherung verlangt, beteilige ich mich beim Verfolgen der Schweißfährte. Plötzlich bleibt B. abrupt stehen.

„Haben Sie meinen Auftrag nicht verstanden oder wissen Sie es besser, wie man hier die Nachsuche auf Oryx durchführt", schnauzt er mich lautstark an.

„Diese Tiere mit ihrem spitzen Gehörn haben nämlich die unangenehme Eigenschaft, jeden sofort anzunehmen, wenn auch nur noch ein Funken Leben in ihnen steckt. Und so mancher erfahrene Jäger aus Europa mußte seine Unkenntnis oder seinen Leichtsinn mit dem Leben bezahlen, weil er an eine liegende Oryx herantrat, von der er annahm, daß sie bereits verendet sei. Doch das Wild kam dann völlig unerwartet und mit letzter Kraft auf die Läufe und spießte den Schützen regelrecht auf!"

Gerade noch im letzten Büchsenlicht finden wir den Bullen verendet zwischen den Hakkisbüschen liegen.

Wir treten an den starken Bullen heran und mein Herz macht einige Freudensprünge, als ich die gute Trophäe begutachten und anfassen kann.

Außerdem freue ich mich, daß die Kugel wie gezirkelt mitten auf dem Blatt sitzt. Ein Ausschuß ist nicht festzustellen.

Das 14,5 Gramm schwere Kegelspitzgeschoß mit dem Kaliber 8 x 68 S hat gut gewirkt, dennoch ging das Stück noch dreihundert Schritt.

Ganz leise sagt B. Waidmannsheil und schüttelt mir mit seiner großen Pionierpranke kräftig die Hand.

Unterdessen ist es dunkel geworden, und der Farmer marschiert durch die Nacht, um den Pritschenwagen zu holen. Endlich habe ich Zeit, meinem Braven die gebührende Totenwacht zu halten, denn B. braucht mindestens eine halbe Stunde, um mit seinem Fahrzeug wieder hier zu sein. Das Jagderlebnis, die fremdartige afrikanische Umwelt und das Waidmannsheil machen mich stumm und glücklich.

Wie aus einem Traum weckt mich das Motorengeräusch des Geländewagens, und wie weiße Messer durchschneiden die

Scheinwerfer die Dunkelheit. In ein paar Minuten hält der Wagen vor meinem Gestreckten. B. hantiert mit einer starken Bordlampe, um an der Rückseite des Pritschenwagens eine Rutsche anzulegen.

„So, jetzt müssen wir eine Kette um die Hinterläufe schlingen, dann den Flaschenzug anhängen, und mit Ruck-Zuck geht es auf die Ladefläche!“

Damit die Trophäe nicht beschädigt wird, hebe ich das Haupt über die Hinterklappe, und B. zieht mit der Übersetzung den mindestens sechs Zentner schweren Wildkörper auf die Ladefläche.

Als wir auf der Farm ankommen, warten schon zwei Schwarze, die unseren Wagen unter einen riesigen Köcherbaum fahren. Dort wird der Bulle schnell aufgebrochen, aus der Decke geschlagen und auf Weisung des Farmers sauber zerlegt.

Nach dem vorzüglichen Abendessen – es gibt Kudurouladen – mundet der südafrikanische Rotwein vorzüglich.

Der sonst etwas bärbeißige Farmer ist jetzt sehr aufgeschlossen und freundlich, und ich frage ihn nach dem Grund dieses plötzlichen Sinneswandels.

„Sehen Sie, wir haben fast das ganze Jahr über Jagdgäste bei uns. Und manche von ihnen glauben, wir Farmer wären ihre Dienstboten oder Kulis. Abgesehen von ihrem negativen Verhalten sind diese Kavaliere auch noch schlechte Jäger und machen mir das Leben oft sehr schwer.

Sie haben mit Ihrem Verhalten bewiesen, daß Sie anders sind als diese Herren. Und drüber freue ich mich.“

Nach einem dreitägigen Abstecher zur Atlantikküste und in die Namib geht es wieder in den Busch, denn auf meinem Jagdprogramm stehen noch ein Kudu, eine Oryx und ein Warzenschweinkeiler.

Wieder bin ich morgens mit dem jungen Schweizer im Nordteil des Revieres und pirsche ganz vorsichtig durch die mit Hakkisbäumen bestandene Steppe. Um einen besseren Überblick zu bekommen, steigen wir von Zeit zu Zeit auf Dolomithügel, die Warzen gleich alle paar Kilometer die Savanne bedecken. Äußerst genau und intensiv leuchten wir das unter uns liegende Gelände ab. Doch außer einem Schakal, der vorsichtig durch das Gras schnürt, ist zunächst nichts Interessantes auszumachen.

„Da, halblinks auf achthundert Schritt Kudus", flüstere ich W. zu.

Auch W. hat das Wild erkannt. Es sind vier stärkere Kudus, die auf größere Entfernung langsam ziehen. Es wird schwierig werden, an das Rudel heranzukommen, denn es sieht nicht so aus, als ob es in unsere Richtung ziehen wollte. Mein Windmesser, Seifenblasen aus der Dose, zeigen uns, daß der Wind für ein direktes Anpirschen ungünstig steht. Daher entschließen wir uns, das Rudel bei halben Wind links umschlagend anzugehen. Die starken Dornenbäume geben teilweise nur geringes Schuß- und Beobachtungsfeld, so daß wir jederzeit mit anderem Wild zusammenstoßen können.

Unterdessen geht es auf Mittag zu. Die Sonne meint es zu gut mit uns, und wir schwitzen fürchterlich.

Ein Warzenschwein, das offenbar von uns beim Mittagsschlaf gestört wurde, springt kurz vor uns ab.

Unsere Spannung steigt erheblich. Wir versuchen geräuschlos und unbemerkt an das Rudel heranzukommen.

„Vorsicht, Schlange", raunt mir W. zu; im Eifer des Gefechtes wäre ich beinahe auf eine große zusammengerollte Natter getreten, die friedlich ein Sonnenbad nahm.

Wir pirschen immer vorsichtiger und nützen jede Deckung aus, denn jeden Augenblick können wir auf Wild stoßen.

Plötzlich bewegen sich Kudus zwischen den Hakkisbüschen! Doch trotz größter Anstrengung können wir keinen jagdbaren Bullen ausmachen.

Schon etwas enttäuscht, daß unsere Bemühungen umsonst gewesen waren, streben wir unter Wind einer kleinen Felsenklippe zu, um besser beobachten zu können. Da zieht halb verdeckt doch ein Nachzügler hinter dem Rudel her. Auf knapp zweihundert Meter können W. und ich den Einzelgänger als starken alten Bullen mit einer guten Auslage ansprechen, er ist also jagdbar.

Doch, wo kann ich bei dieser Entfernung auflegen oder die Waffe anstreichen? Also heißt der Anschlag liegend freihändig, denn zum Glück kann ich den Kudu wie durch einen Tunnel unterhalb der Bäume sehen. Noch steht er halbspitz von vorn, und als er das Blatt freigibt, lasse ich fliegen. Doch der Bulle zeichnet nur durch kurzes Aufwerfen des Hauptes und fällt in Troll.

Diana hilf, damit ich noch einen zweiten Schuß antragen kann! Und tatsächlich können W. und ich mit einigen Sprüngen eine Felsklippe erreichen und haben so ein besseres Schußfeld.

Mit nervösen Fingern habe ich schnell mein variables Zielfernrohr auf 1,5 Vergrößerung gestellt, um auf den Bullen schießen zu können. Auf gut hundertfünfzig Schritt sehe ich meinen Kudu über ein Blöße ziehen, und schon ist der zweite Schuß draußen. Doch auch diesmal bricht das Wild nicht zusammen, sondern verhofft nur kurz nach dem Schuß. Schnell wird repetiert, und als er eine Buschlücke passiert, erhält er die dritte Kugel. Im Knall bricht jetzt das schwere Wild zusammen.

Die gute Trophäe ist von der Auslage her noch besser, als ich sie in den Augenblicken vor und nach den Schüssen in Erinnerung hatte.

Natürlich will ich wissen, wo die Schüsse sitzen. Mit Erstaunen stelle ich fest, daß alle drei Schüsse auf dem Blatt sind, kaum zwanzig Zentimeter auseinander. Das sonst hervorragende Kegelspitzgeschoß im Kaliber 8 x 68 S mit 14,5 Gramm Geschoßgewicht hat bei diesem ungemein harten Wild nicht sofort gewirkt.

W. eilt schnell zu unserem Jeep, um mit Hilfe eines Funkgeräts einen Lastwagen mit Seilzug und zwei Schwarze von der Farm anzufordern. Denn der Bulle wiegt mindestens sechs Zentner und wird erst auf der Farm aufgebrochen.

Unterdessen habe ich Zeit, meinem Braven die gebührende Wacht zu halten, und vor meinem geistigen Auge laufen die letzten Minuten wie in einem Film ab.

*

Auch wenn man kein Jäger ist, sollte man bei einem Besuch

Südwestafrikas selbstverständlich das Wildreservat Etoscha im Norden des Landes besuchen.

Mit dem Schweizer W., der zugleich Fahrer und Reisebegleiter ist, geht es schon sehr früh für drei Tage in Richtung Nordosten, um am frühen Nachmittag den Südwesteingang der Pfanne zu erreichen.

Gleich hinter dem Eingang werden wir von einem mächtigen Elefantenbullen begrüßt, der hier wohl als Empfangschef – ironisch ausgedrückt – die Besucher willkommen heißt. Doch bei aller Würde dieses riesigen Bullen wollen wir uns nicht näher mit ihm einlassen; die Kraft- und Gewichtsverhältnisse wären doch zu unterschiedlich.

Auf den gut befestigten Wegen, die die Besucher nicht verlassen dürfen, sind in bestimmten Abständen Wasserstellen angelegt, die zu den Anziehungspunkten der Besucher gehören und das Wild anlocken.

Kurz vor einer großen Wasserstelle, die wie ein kleiner See aussieht, sehen wir einen starken Mähnenlöwen stehen, der offensichtlich seinen Durst löschen will. Plötzlich wirft der Wüstenkönig auf und verläßt zögernd das Ufer, denn eine starke Elefantenherde eilt sehr zielstrebig auf das Wasser zu. Dabei ist es interessant zu beobachten, daß der Löwe einen Mindestabstand zu den Dickhäutern einhält, um nicht zu provozieren oder zu kollidieren.

Langsam geht die Fahrt in Richtung Rietfontein, und immer wieder überqueren Giraffen, Zebras und Springböcke in kleinen und großen Rudeln die Fahrbahn, um von ihren Einständen zu den Wasserstellen zu ziehen. Hinter einer Kurve wechselt eine Impalaantilope ganz ohne Scheu über die Fahrbahn, und an der rechten Seite sehen wir auf Schrotschußentfernung zwei Zebras, die wie Paul und Klärchen verhoffen.

Am Abend landen wir nach vielen interessanten Beobachtungen im Camp "Halali", das von der südwestafrikanischen Jägerschaft erbaut worden ist. Das rustikale und stilvolle Restaurant im Camp bietet neben internationalen Gerichten natürlich auch einheimische Spezialitäten. So werden Grill- und Rostbraten vom Kudu, vom Springbock und von der Oryxantilope angeboten. In den geschmackvollen und sauberen Rundbauten mit Schilfdächern finden wir auch ein geräumiges und preiswertes Quartier.

Am nächsten Morgen, es ist ein Sonntag mit strahlendem Sonnenschein, besuchen wir die eigentliche Pfanne. Sie ist eine Ebene, fast halb so groß wie Schleswig-Holstein, die vollkommen trocken und mit einer Salzschicht bedeckt ist, die hell in der Sonne glänzt. Auf einer Kehre mitten im Sand halten wir, um in der Ferne eine gewaltige Gnuherde zu beobachten. Nach dem Anfahren glauben wir, ein verdächtiges Geräusch am Hinterrad zu hören. Und richtig, mitten in dieser Wüstenlandschaft hat sich ein starker krummer Nagel in den linken Hinterreifen gebohrt! Während wir noch rätseln, wie das geschehen konnte, packt unser Fahrer das mehr als dürftige Werkzeug aus, um den Schaden zu beheben.

Dabei stellt sich heraus, daß der Wagenheber verrostet und der Schraubenschlüssel völlig abgenützt ist. Also können wir den Wagen nicht anheben und die Radmuttern nicht lösen. Eine unangenehme Lage! Mindestens dreißig Kilometer vom nächsten Camp entfernt stehen wir an einer Stelle, die kaum besucht wird. Wenn wir es bis abends nicht schaffen, ein Camp zu erreichen, werden wir wahrscheinlich von den Wildhütern gesucht, vielleicht auch gefunden und sicher wegen des Verstoßes gegen die Reservatvorschrift bestraft werden.

Unser eidgenössischer Führer läßt die Ohren hängen, denn offensichtlich fallen ihm alle Versäumnisse und Nachlässigkeiten ein, die er sich bei der Vorbereitung der Fahrt geleistet hat.

Und wieder einmal hilft Diana, die unser stilles Stoßgebet um Hilfe wohl gehört haben muß. Diese überirdische Hilfe kommt in Gestalt einer südafrikanischen Dame britischer Herkunft, die mit ihren erwachsenen Söhnen und einem gut ausgerüsteten Auto ganz plötzlich neben uns steht. Unsere Bitte um Hilfeleistung wird von den beiden kräftigen und gewandten jungen Männern sofort in die Tat umgesetzt, und in gut zwanzig Minuten ist der Radwechsel durchgeführt.

Mit herzlichem Dank verabschieden wir uns von der hilfsbereiten Familie. Wir wollen in Richtung Andoni noch Wild beobachten.

Die Fahrt führt langsam durch dichtes Buschgelände, und plötzlich stehen wir mitten in einer Elefantenherde, die in aufgelockerter Formation gerade unsere Fahrbahn überquert. Da einige Jungtiere weit hinter ihren Müttern herbummeln, sind wir zwangsweise zwischen Elefanteneltern und -kinder geraten. Eine temperamentvolle Elefantendame stürmt mit hohem Rüssel, schrill trompetend, auf unser Auto los.

„Sofort schnell zurück", rufe ich W. zu, der blitzartig den Rückwärtsgang schaltet und mit enormem Tempo unserer Verfolgerin entkommt. Die erboste Dickhäuterin verfolgt uns im schnellen Lauf noch ein ganzes Stück, bis sie von uns abläßt und zu ihrer Herde zurückkehrt.

Unser Fahrer ist doch etwas blaß geworden, und uns ist der Gedanke, daß dieses tonnenschwere Tier unseren Wagen beinahe umgeworfen und vielleicht uns und den gesamten Inhalt zertreten hätte, auch nicht gerade sympathisch.

Abends kehren wir im Camp Namutoni ein. Es ist ein altes Fort der Deutschen Schutztruppe, das vor der Jahrhundertwende erbaut worden war und jetzt hervorragend renoviert ist. Eine Gedenktafel erinnert an den heldenhaften Kampf von sieben deutschen Reitern, die das Fort am 28. Januar 1904 erfolgreich gegen fünfhundert aufständische Ovambos verteidigten.

Kurz vor Tagesende besteigen wir neben dem Museum einen Turm des alten Forts und erleben innerhalb weniger Minuten einen zauberhaften Sonnenuntergang. Bei diesem stimmungsvollen Naturschauspiel wird die südafrikanische Nationalhymne gespielt, die bei den Besuchern Ergriffenheit auslöst.

Am nächsten Morgen fahren wir langsam durch das großartige Wildreservat Richtung Südwesten, um noch einmal die herrliche Welt der südafrikanischen Tiere zu beobachten.

Nach dem Verlassen der Etoscha gibt W. kräftig Gas und erzeugt eine große Staubfahne; nachmittags erreichen wir dann unsere Jagdfarm.

*

Inzwischen hat der Regen Bäume und Büsche in ein Blütenmeer verwandelt. Diese stacheligen Gewächse leuchten in Gelb, Orange, Rot, Lila und Blau. Für das Auge ist es eine Pracht, doch wehe, wenn man sich diesem Blütenzauber nähert. Dann sticht und zwickt einen jeder Ast und jeder Strauch hakt sich am Körper fest. Für unsere Jagd ist das Blütenmeer kein Vorteil, denn auch das Wild hat jetzt mehr Deckung.

Wieder pirschen W. und ich im Osten des Revieres, um auf Oryx und Warzenschweinkeiler zu Schuß zu kommen. Es ist früher Nachmittag. Die Sonne brennt gnadenlos auf die Baumsteppe herunter, und uns beiden rinnt der Schweiß über Gesicht und Körper.

Das Wild zieht um diese Zeit und bei dieser Hitze kaum zu den Äsungsflächen und Wasserstellen. Deshalb pirschen wir ganz vorsichtig von Dolomithügel zu Dolomithügel, um das umliegende Gelände von oben ableuchten zu können.

„Da, halblinks auf sechshundert Meter Zebras“, flüstere ich W. zu.

Dieser hat die Herde, die im Schatten von starken Köcherbäumen eng zusammensteht, mit den Köpfen nickt und mit den Schweifen wedelt, um sich der Fliegen zu erwehren, ebenfalls erkannt. Es ist ein schönes Bild, diese schwarzweiß gestreiften Tiere in freier Wildbahn zu sehen; da ich ein Pferdeliebhaber bin, schlägt mir bei diesem Anblick spontan das Herz höher.

Halbrechts von uns, mindestens einen Kilometer entfernt, können wir von unserem Aussichtshügel ein Rudel Oryx erkennen. Doch bei dieser Distanz kann man natürlich nicht ansprechen, ob jagdbare Bullen dabei sind.

Also heißt es, Wind prüfen und ran an das Rudel! Doch so leicht geht es nicht, denn die Steppenbäume verwehren oftmals die Sicht und ein weiteres Vordringen.

Ganz vorsichtig, immer wieder verhoffend und windprüfend, arbeiten wir uns in Richtung Oryxeinstand vor. Dabei wissen wir nicht einmal, wohin das Rudel zieht und ob wir nicht vorher auf anderes Wild stoßen und so möglicherweise alles verderben.

Da springt vor uns schon ein Stück Wild ab, es ist so groß wie ein schwaches Schmalreh.

„Das ist ein Blauböckchen, die kleinste Antilopenart, die wir hier haben", erklärt W.

Wir müssen aufpassen, daß wir nicht an den Termitenhügeln auf Schlangen treten, die sich gern in diesen Bauten oder an ihnen sonnen.

Trotz vorsichtigster Pirsch geht flatternd ein Volk Frankoline vor uns hoch, und wir erstarren auf der Stelle vor Schreck.

Plötzlich stehen wir kaum dreißig Schritt vor einer gewaltigen Giraffe, die uns interessiert betrachtet und offensichtlich keinen Respekt vor uns hat, denn sie läßt sich bei der Äsung kaum stören.

Unterdessen ist es später Nachmittag geworden, und die Sonne geht allmählich unter. W. und ich sind sehr aufgeregt und schwitzen fürchterlich, denn noch immer ist kein Haar vom Oryxrudel zu sehen.

Endlich, auf knapp hundertachtzig Schritt, erkennen wir beide plötzlich die verhoffenden Oryx mit ihren schwarzweißen Masken, hellbraunen Decken und langen Gehörnen. Offensichtlich hat uns das Rudel schon wahrgenommen, denn es äugt unverwandt zu uns, um vermutlich schnell abzuspringen.

„Der zweite von links ist gut", raunt mir W. zu.

Ohne eine hastige Bewegung zu machen, lege ich meinen Repetierer auf die rechte Schulter meines Pirschführers, denn es ist keine Sekunde zu verlieren. Da dreht sich der starke Bulle, der bisher breit stand, nach halblinks, so daß ich den Wildkörper nur halbschräg von hinten sehe. Doch es muß gehen, und als der Zielstachel eine Handbreite hinter dem Blatt steht, bricht der Schuß.

Mit einer gewaltigen Flucht zeichnet der Beschossene und bricht nach knapp zehn Schritt zusammen.

Wir gehen vorsichtig näher heran, doch als sich nach drei bis vier Minuten nichts regt, trete ich mit schußbereiter Waffe an den Gestreckten, nachdem W. mit Steinwürfen geprüft hatte, ob der Bulle wohl verendet war.

Hocherfreut und glücklich begutachte ich die starke Trophäe, die in ihrer Länge noch besser als jene meines ersten Oryxbullen ist.

*

Nach Auffassung des Farmers habe ich mich bewährt, denn er erklärt mir abends beim Tottrinken meines zweiten Oryxbullen:

„Wissen Sie, W. und ich haben jetzt im afrikanischen Frühling viel Arbeit mit der Reparatur der Wasserversorgung und der Weidezäune. Meines Erachtens können Sie sich Ihren Keiler allein erpirschen!"

Natürlich bin ich über diesen Vorschlag sehr erfreut, denn nun kann ich bei der Jagd nach meiner Fasson selig werden und in dem herrlichen Revier nach Herzenslust waidwerken. Außerdem hat er mir noch außerplanmäßig eine Oryxantilope für die Küche nachträglich freigegeben, es sollte nach Möglichkeit ein schwächeres weibliches Stück sein.

Und schon am nächsten Morgen pirsche ich, nach grober Einweisung durch den Farmer, ganz allein Richtung Süden, um zunächst an den Ufern eines Flußtales anzusitzen.

Es ist noch ziemlich kalt, als ich mir durch teilweise hohes Steppengras einen Pfad durch schüttere Hakkisbüsche suche. Mein altbewährter Windprüfer Pustefix zeigt mir, daß der leichte Wind stark küselt, so daß ich mich auf Überraschungen einstellen muß. Kaum habe ich diesen Gedanken zu Ende gedacht, da springt auf Schrotschußentfernung ein starkes Warzenschwein von mir ab, ohne daß ich es im Gestrüpp ansprechen kann. Hier heißt es aber aufpassen, wenn man zu Schuß kommen will.

Unterdessen ist es zehn Uhr geworden, und die Sonne entfaltet ihre ganze Kraft, so daß ich meinen Pullover ausziehen kann. Im Schatten einer Schirmakazie mache ich es mir bequem. Auf den tiefliegenden Ästen sehe ich einen Oryxweber, der die Größe einer Amsel hat und mich in seinem roten Hochzeitskleid mit seinen graziösen Bewegungen unterhält.

Plötzlich raschelt es neben mir, und eine Natter von mindestens einem Meter Länge hebt ihren Kopf aus dem Gras. Kaum einen Schritt von meinen Stiefelspitzen entfernt, sieht es so aus, als ob sie sich über meinen Besuch etwas wundere. Offensichtlich habe ich sie im hohen Gras übersehen, weil sie vermutlich zusammengerollt und gut getarnt dalag.

Obwohl mir ihre Nähe nicht gerade sympathisch ist, heißt es Nerven behalten und ruhig sitzenbleiben, damit sie sich nicht angegriffen fühlt. Nach ein paar Minuten, die mir jedoch wie eine Ewigkeit vorkommen, hat sich die Schlange offenbar von meiner Harmlosigkeit überzeugt und verschwindet im knisternden Gras.

Unterdessen ist es völlig windstill geworden, und ich pirsche trotz brütender Hitze eine Fahrspur entlang; dieses unerwartete Auftauchen der Natter hat mich noch vorsichtiger gemacht.

Es ist unterdessen Zeit zum Mittagessen, und ich überlege mir, wo ich einen schattigen und überhöhten Beobachtungsposten beziehen könnte. Ich habe zwar noch keinen Hunger, doch der Durst ist quälend, und die Feldflasche mit kaltem Tee habe ich fast geleert. Ich würde am liebsten zur Farm gehen, um mich dort zu erfrischen und den Durst zu löschen; was für eine verführerische Aussicht!

Der Jagdverstand und die Passion hingegen sind eindeutig dafür, die Jagd fortzusetzen.

Ein Rudel Kudus, das langsam von seinem Einstand zu den Wasserstellen nach Norden zieht, zeigt mir eindeutig, daß das Wild wieder auf den Läufen ist.

Auf einer Blöße, knapp ein Hektar groß, sehe ich einen Wechsel der Warzenschweine und kauere mich im Schatten eines Köcherbaumes hin. Die Hitze und der Durst werden immer unerträglicher, und ich beginne langsam einzunicken, denn seit dem Morgengrauen bin ich auf den Beinen.

Ein Vogel, der im Baum sitzt, hat mich durch seinen Ruf geweckt. Mindestens zwei Stunden lang habe ich fest geschlafen, denn die Sonne steht schon tiefer und die Schatten sind länger geworden. Ich nütze den schwachen Wind aus und pirsche ein ausgetrocknetes Flußbett entlang. Anhand des Fährtenbildes sehe ich, daß das Wild quer durch die Schlucht zieht.

Was bewegt sich am Rand der Böschung zwischen den Büschen? Das ist ja ein starker Rotluchs, der auf Kugelschußweite ganz bedächtig seine Fährte zieht. Die Pinselohren bewegen sich wie ein Radar, und die kurze Stummelrute zeigt den Grad seiner Aufmerksamkeit und Erregung. Da mir der Farmer keine Jagderlaubnis für diesen eleganten Räuber erteilt hat, kann ich seine katzenhaften Bewegungen nur sehnsuchtsvoll bewundern.

Nun wird es langsam Zeit, einen Bogen zu machen und in Richtung Farm zurückzupirschen, denn an einer bestimmten Wegkreuzung will mich W. nach Ende des Büchsenlichtes mit dem Jeep abholen. Wieder ein Beobachtungshalt: eine Blöße, die mit ihren Baumstümpfen wie eine alte Brandfläche aussieht, erscheint mir dafür günstig. Langsam geht die Sonne unter und meine Hoffnung sinkt, denn in einigen Minuten wird es dunkel sein. Doch ein Jäger hofft, so lange er jagt. Und wie der Ziethen aus dem Busch, flüchtet eine Rotte Sauen auf mindestens hundert Schritt über die Freifläche.

Glas hoch, doch ich kann nur eine starke Bache mit einem Dutzend schwacher Frischlinge erkennen. Vielleicht kommt aber doch noch im letzten Augenblick etwas Jagdbares. Also Waffe in Richtung Wechsel in Stellung gebracht und ein Stoßgebet an die Jagdgöttin gerichtet!

Mit hohem Pürzel kommt im flotten Troll ein Keiler auf die Brandfläche, verhofft kurz und zieht weiter. Im hohen Gras kann ich nur seine Umrisse schemenhaft erkennen. Der Blutdruck steigt, und ich sehe im Geiste schon den Bassen am Dickungsrand verschwinden.

Als Hundeführer habe ich sonst immer meine Trillerpfeife bei mir, die so manches Stück Rot- und Rehwild zum Halten gebracht hat. Doch hier im afrikanischen Busch, ohne meinen Vierbeiner, fehlt mir dieses jetzt so wichtige Hilfsmittel.

Die Waffe im Anschlag, stoße ich einen Schrei aus, und der Keiler verhofft ruckartig hinter einem Baumstumpf. Nur das Haupt einschließlich der Teller ist frei, und im Zielfernrohr kann ich die starken Waffen genau erkennen.

Ein verdammt kleines Ziel, und schnell muß es auch gehen.

Als der Zielstachel kurz hinter dem rechten Teller steht, lasse ich fliegen, und im Knall bricht der Keiler in der Fährte zusammen, ohne zu schlegeln.

Rasch repetiert; mit einem Aufatmen lasse ich die Waffe sinken, ohne jedoch den Getroffenen aus den Augen zu lassen. Doch nichts rührt sich mehr.

Unterdessen ist es fast dunkel geworden, und ich beeile mich, meine Beute zu finden. Nach kurzer Quersuche sehe ich zuerst die überdimensionalen Waffen blitzen und stehe dann überglücklich vor meinem ersten afrikanischen Warzenschweinkeiler. Der Einschuß ist unmittelbar hinter dem Teller, und das Geschoß hat sofort tödlich gewirkt. Der Ausschuß ist so groß wie ein Handteller.

Bei diesen Überlegungen und Gedanken habe ich fast die Zeit vergesssen, und als ich in der Dunkelheit meinen Namen rufen höre und eine Taschenlampe blitzt, wache ich wie aus einem Traum auf.

Auch W. freut sich riesig über mein Waidmannsheil, und gemeinsam ziehen wir den Bassen bis zur nächsten Fahrspur. Mein Farmer wünscht mir laut und herzlich Waidmannsheil und quetscht mir mit seiner Pionierpranke kräftig die Hand.

Und damit ist meine Jagd in Südwestafrika beendet. In drei Wochen durfte ich starkes afrikanischen Wild in einer grandiosen Landschaft bejagen. Mit der Strecke von einem braven Kudu, zwei guten Oryxantilopen und einem starken Warzenschweinkeiler bin ich reich beschenkt worden.

Diana hab' Waidmannsdank!

Der Karelische Birkenelch

Ende Oktober waidwerke ich an der karelischen Grenze östlich von Imatra.

Trotz intensiver Jagd, sowohl hinter dem Hunde als auch bei Drückjagden, ist es mir nicht gelungen, einen Elchhirsch zu strecken. Um nicht als Schneider heimzufahren, habe ich in den letzten Tage ein Schmaltier und zwei Kälber geschossen.

Heute ist mein vorletzter Urlaubstag und damit meine letzte Chance. Im Morgengrauen fahren mein Jagdführer T. und ich durch interessante Elcheinstände. Langsam rollen wir der aufgehenden Sonne entgegen. Der Ostwind weht Nebelfetzen über das Hochmoor, das mit Jungbirken bestockt ist.

Halt, da steht ja ein einzelner Elch zwischen den Birken. Im Glas erkenne ich einen Gabler, den ich wegen des starken Wildbrets und des breiten, kurzen Bartes als älteres Semester anspreche. Ein typischer Abschußhirsch, der bei uns zu Hause auf der Kurischen Nehrung ohne Zögern geschossen wurde, weil es die Hege dringend erforderte.

Hier im weiten Finnland, wo die Hege mit der Büchse nicht so streng gehandhabt wird, würde ich viel lieber einen starken Schaufler als Erntehirsch strecken. Doch man kann im Leben nicht alles haben.

Der Hirsch steht breit auf hundertfünfzig Schritt mitten im Hochmoor und äugt unser Fahrzeug an. An der gespannten Haltung des Gablers erkenne ich, daß er offensichtlich bereit ist, jeden Augenblick abzuspringen. Kurz nicke ich T. zu, und dieser versteht, daß ich den Elch schießen will. Aus dem langsam fahrenden Wagen springe ich an der dem Wild abgekehrten Seite heraus. Während das Fahrzeug weiterfährt und so die Aufmerksamkeit des Wildes auf sich zieht, gehe ich auf dem Fahrdamm liegend in Anschlag.

Wieder ziehen Nebelfetzen über das Moor und verdecken von Zeit zu Zeit den Wildkörper. Liegend freihändig fasse ich Ziel, und als der Zielstachel Hochblatt zeigt, bricht der Schuß.

Angestrengt beobachte ich den Hirsch beim Schuß, doch er zeichnet überhaupt nicht. Nach ein paar Sekunden hebt er ruckartig das Haupt und trollt ohne auffallende Bewegungen in Richtung Kiefernbestand am Rande des Moores.

Mein Jagdführer kommt mit dem Fahrzeug sofort zu mir zurück, um das Resultat meiner Aktion zu erfahren. Da er nur wenig Deutsch spricht und ich bis auf ein paar Brocken kein Finnisch spreche, versuche ich, ihm mit Händen und Füßen die Lage zu erklären.

Mir kommt es im Augenblick darauf an, daß wir einmal wenigstens fünfzehn Minuten warten. Doch T. versteht mich offenbar falsch, denn im Eilschritt marschiert er in die vermeintliche Fluchtrichtung.

Was soll dieser Unsinn? Dadurch kann man weder den Anschuß noch den kranken Hirsch finden. Nach kurzer Zeit kommt T. außer Atem, kehrt offensichtlich enttäuscht zurück und murmelt: „Nix hirvi, nix Elch!" Vermutlich hat er die Sinnlosigkeit seiner Aktivität eingesehen und sich eines Besseren besonnen. Doch statt mit mir abzuwarten, fährt er nach Hause und kommt nach zwanzig Minuten mit Timo, dem großen grauen karelischen Bärenhund zurück. Dieser brave Stöberhund, der überhaupt keine Schweißarbeit kennt und auch niemals am Riemen gearbeitet hat, wird sofort mitten auf dem Moor in vermutlicher Fluchtrichtung geschnallt. Natürlich interessiert ihn die frische Elchfährte. Doch folgen kann man diesem Rüden, der fluchtartig im Busch verschwindet, nicht.

Inzwischen versuche ich, den Anschuß zu finden. Von meiner Stellung auf dem Fahrdamm aus rekonstruiere ich Richtung und

Oben: Autor und Jagdführer Mark mit dem Haupt des Schauflers.
Unten: Ein kapitaler Elchschaufler mit gewaltigen Vorschaufeln im Jagdmuseum Whitehorse.

N.W.M.P.

Entfernung. Doch es gibt keine markanten Punkte, die mir als Hilfsziel dienen könnten. Auf dem begehbaren Hochmoor mit den Birken sieht ein Geländeteil wie der andere aus.

Es ist kurz nach sieben Uhr, und die Sonne geht über den Wäldern auf. Die ersten Strahlen lassen die hellen Birken noch weißer erscheinen, und das verfärbte Laub leuchtet noch intensiver in den Farben gelb, braun und rot. Herbstlich gefärbte Blaubeer- und Preiselbeerbüsche auf dem Moorboden sehen wie ein gelbgrünroter Teppich aus.

Fast jedes dritte Blatt am Boden schaut so aus, als ob es vom Schweiß benetzt wäre. Trotz großer Konzentration kann ich weder den Anschuß noch andere Pirschzeichen finden. Nach einer Stunde mache ich Pause und setze mich auf einen halbvermoderten Birkenstamm. Von der wärmenden Sonne verwöhnt, könnte ich hier mitten im karelischen Busch glücklich sein, wenn da nicht die Ungewißheit über Erfolg oder Mißerfolg des Schusses wäre.

Von Timo höre und sehe ich nichts, und mein Jagdführer ist wohl nach Hause gefahren, um zu frühstücken und sich zu stärken. Halblinks von mir überfliegt eine Kette Birkwild das Moor. Mit dem schwarzen Gefieder sehen die eleganten Ritter in der Sonne besonders prächtig aus. Auf ein paar Birken fallen Wildtauben ein, und ein Täuber läßt sich – von der Wärme angeregt – zu einem reichlich verspäteten Liebeslied verleiten.

Während mich das herrliche Bild dieser unverfälschten nordischen Landschaft bezaubert und beeindruckt, quälen mich die Gedanken über den möglichen Sitz der Kugel. Gut abgekommen bin ich, und hundertfünfzig Schritt sind für mich eine ganz normale Schußentfernung. Auch der Anschlag liegend freihändig war nicht wackelig.

Gegen zehn Uhr höre ich Motorengeräusch, und kurz darauf kommt T. mit einem Beifahrer im Wagen. Mein Jagdführer stellt

Oben: Mit Lazerus, dem schwarzen Fährtensucher, halte ich meinem Oryxbullen kurze Totenwacht.
Unten: Ein Springbockrudel zieht von der flachen Savanne ins höhere Buschland.

seinen etwa dreißigjährigen Begleiter, der Eino heißt, als Freund des Hauses vor. Obwohl jagdmäßig gekleidet, ist Eino kein Jäger. Als echter Finne will er jedoch das wichtigste Jagdereignis des Jahres, die Elchjagd, in der herrlichen Natur seiner Heimat miterleben.

Wie sich herausstellt, ist Eino Kriminalbeamter in Rovaniemi, in der finnischen Provinz Lappland. Da er etwas Deutsch spricht, erkläre ich ihm die Lage. Von meiner Stellung auf dem Fahrdamm weise ich ihn in Richtung und Entfernung zum vermeintlichen Anschuß ein. Diese Einweisung betrachte ich als freundschaftliche Geste, denn wie soll oder kann mir ein Nichtjäger helfen.

Mit seinen auffallend hellgrauen Augen nickt er kurz, und ich habe den Eindruck, daß er mich verstanden hat. Während ich weitersuche, winkt mir Eino nach einer ganzen Weile zu. Als ich bei ihm bin, sagt er: „Koivu, kaputt, ammus!" Dabei zeigt er auf ein durchschossenes Birkenstämmchen in Daumenstärke. Aha, „Geschoß hat Birke durchschlagen", will mir Eino sagen. Das ist ja eine wichtige Erkenntnis. Während ich mir dieses Indiz anschaue, deutet E. auf einen zweiten Birkenreiser, der, einen Meter vom ersten entfernt, ebenfalls durchschossen ist.

Nun ist es nicht mehr sehr schwer, den „Fall" zu rekonstruieren. Zunächst verlängern wir die Linie zwischen den zerschossenen Birken zum Fahrdamm und kommen zu meiner Stellung. Von diesen Festpunkten weise ich Eino in Richtung Anschuß ein.

Und richtig! Etwas fünf Schritt von der zweiten Birke entfernt, findet er den Anschuß. Etwas Schnitthaar und wenig Eingriffe sind festzustellen, jedoch kein Schweiß. Doch diese mangelhaften Pirschzeichen besagen beim Schuß auf den Elch, wie ich aus eigener Erfahrung weiß, sehr wenig. Ganz vorsichtig arbeitet der Gast aus dem entfernten Lappland die Fluchtfährte, und nach etwa fünfzig Schritt findet er den ersten Tropfen Schweiß. Mein Hoffnungsbarometer steigt, doch ich glaube nicht, daß ein Geschoß, das schon zwei Birkenreiser durchschlagen hat, auch noch einen Elch töten kann.

Vor meinem lappländischen Schlachtenbummler habe ich immer mehr Respekt. Aber vor meinem geistigen Auge sehe ich den Elch irgendwo im Dickicht verludert. Immer wieder verweist unser Fährtenleser Schweißtropfen, die ich auf dem bunten Herbstlaub mit dem bloßen Auge gar nicht wahrnehme. Doch der Schweiß ist so spärlich, daß ich immer weniger an eine tödliche Wundfährte und damit an den glücklichen Ausgang der Suche glaube.

Nach über siebenhundert Metern haben wir das Hochmoor überwunden, und die Wundfährte führt uns durch einen jungen Kiefern- und Fichtenbestand. Hier verliert unser Schweißspezialist zunächst die Fährte. Beim Hund würde man jetzt sagen, er bögelt.

Auf der Nadelstreu muß er sich neu orientieren. Plötzlich winkt er T. und mich heran und zeigt uns eine Handvoll schon etwas eingetrockneten Schweiß. Das ist ja ein enormer Hoffnungsschimmer! Offensichtlich hat der Hirsch hier eine Zeitlang verhofft, ohne jedoch ins Wundbett zu gehen.

Von diesem Pirschzeichen ab ist die Wundfährte auch für uns erkennbar. Plötzlich verhält Eino, ruft „Hirvi, hirvi" und stürmt in Richtung Kiefernunterholz. Wir folgen ihm sofort und nach etwa vierzig Schritt finden wir den längst verendeten Gabler unter einer starkastigen Kiefer versteckt. An seinen Keulen rupft Timo die Decke meines Hirsches. Das Knurren beweist, daß er seinen Elch gegen jeden Unbefugten verteidigen will.

Lachend und hocherfreut schlage ich dem braven Eino kräftig auf die Schulter und beglückwünsche ihn zu seiner hervorragenden Schweißarbeit. Bescheiden winkt der prächtige Kerl ab. Doch in seinen hellen Augen leuchtet berechtigter Stolz.

Natürlich interessiert uns nun, wo der Schuß sitzt. Auf der linken Seite ist kein Ausschuß. Deshalb drehen wir den Gabler mit vereinten Kräften auf die Einschußseite. Das 11,2 Gramm schwere Teilmantelrundkopfgeschoß im Kaliber 7 x 65 R hat einen hohen Leberschuß verursacht.

Ich bin mir weiterhin im klaren, daß ohne Eino der Elch verludert wäre. Denn vermutlich hätten T. und ich die zerschossenen Birken als Pirschzeichen und den geringen Schweiß danach nicht gefunden.

Daß ein tüchtiger finnischer Kriminalbeamter mit seinen Adleraugen diese hervorragende Schweißarbeit vollbracht hat, ist wohl einmalig und als Glücksfall zu bezeichnen.

Während meine finnischen Jagdfreunde zum Wagen gehen, um den Abtransport zu organisieren, halte ich meinem mittelalten Gabler die gebührende Totenwacht.

Versich're dich um jeden Preis,
ob deine Kugeln auch verletzten.
Du findest stets den ersten Schweiß
viel leichter als den letzten.

Jagdabenteuer Yukon

Ein langgehegter Wunsch geht in Erfüllung. Mit noch drei anderen deutschen Jägern sitze ich am 4. September in einer Boeing Richtung Vancouver, um vierzehn Tage im Yukon auf Elch, Caribou, Grizzly und Schwarzbär zu jagen.

Nach einer Zwischenlandung in Edmonton landen wir nach knapp zwölf Stunden Flug in Vancouver. Diese interessante Stadt am Pazifik mit etwa 300.000 Einwohnern ist von Bergen umgeben, und die breite Mündung des Fraserflusses gleicht einem norwegischen Fjord.

Nachdem die Unterbringung im Sandman Inn geklärt ist, bummelt unsere Jagdgruppe durch Vancouver. Die Rassenvielfalt der Stadt – Eskimos, Indianer, Chinesen und Mischlinge verschiedenster Art – ist schon beeindruckend.

Am nächsten Tag lädt uns U., der die Jagdreise organisiert hat, zu einer Rundfahrt in die Umgebung nördlich von Vancouver ein. Bei einer Temperatur von fünfundzwanzig Grad Celsius genießen wir diesen Abstecher entlang der Küste Richtung Norden. Die Landschaft ähnelt sehr dem Salzburgerland, doch gibt es hier kaum Dörfer und Straßen auf beiden Seiten der Hauptstraße.

Am nächsten Morgen heißt es schon sehr früh aus den Federn kriechen, denn wir müssen die erste Maschine nach Whitehorse erreichen, die über Fort St. John fliegt. Beim Start in Vancouver erfahren wir, daß es an unserem Zielort Whitehorse bereits schneit. Doch diese Nachricht kann uns nicht aus der Ruhe bringen.

Der Flug geht entlang der Rocky Mountains, die schneebedeckt sind, nach Norden, unserem Jagdparadies entgegen. Durch die zeitweise aufreißende Wolkendecke sehen wir riesige Flußtäler und unendliche Wälder, die völlig unbesiedelt sind.

Dabei kommt mir zu Bewußtsein, daß der Yukon mit 536.300 Quadratkilometern mehr als doppelt so groß wie Westdeutschland ist und nur 25.000 Einwohner hat.

In jagdlicher Hinsicht ist der Yukon etwa mit Alaska vergleichbar, doch ist man hier noch weniger auf Gastjäger eingestellt. Das ganze Land ist in elf Jagdgebiete eingeteilt, wobei die Südwestecke des St.-Eliasmassivs den Kluane Nationalpark bildet. Außerdem ist dieses gewaltige Gebiet in zweiundzwanzig Jagdblocks aufgeteilt, die von staatlich anerkannten Jagdführern (Outfittern) mit ihren Gästen bejagt werden. Unser zukünftiges Revier, Block Nummer neunzehn, ist fast so groß wie das Land Schleswig-Holstein und wird pro Jagdjahr von etwa zwanzig bis dreißig Jägern bejagt. Einfach traumhaft.

Trotz der starken Windböen und des beträchtlichen Schneefalls landen wir mittags wohlbehalten in Whitehorse. In einem hübschen kleinen Hotel beziehen wir Quartier, denn erst am nächsten Abend geht es mit dem Buschflugzeug zum Camp. Deshalb nützen wir die Zeit, um uns das Städtchen mit seinen 14.000 Einwohnern anzusehen. Neben den drei breiten Hauptstraßen, auf denen vor allem Geschäfte und ein paar Banken stehen, bestehen die Nebenstraßen aus teilweise unbefestigten und schmutzigen Bauabschnitten.

Im Jagdmuseum, das im Blockhausstil gebaut in der Nähe des Yukonflusses steht, beeindruckt mich besonders ein gewaltiger Elchschaufler der Weltklasse mit seinen abnorm breiten Vorschaufeln und seiner großen Auslage. Auch ein kapitaler Grizzly mit einem gefährlichen Fang und außergewöhnlich starken Pranten imponiert mir.

Am nächsten Tag werden mit dem Jagdausrüsterehepaar die Finanzen geregelt und die Wildmarken für Elch, Caribou, Grizzly und Schwarzbär an uns übergeben.

Endlich, es ist unterdessen fast siebzehn Uhr geworden, wird an einem Anleger des Yukonstromes unser Gepäck in ein Wasserflugzeug verladen. Dieses einmotorige Maschinchen, Baujahr 1942, hat Türen mit Drahtverschlüssen; kleine Öffnungen sind einfach mit Leukoplast zugeklebt!

Der blonde Buschpilot sieht aus wie ein Jungbauer aus Ostfriesland und macht, im Gegensatz zu seinem Flugzeug, einen vertrauenerweckenden Eindruck. Als ich mit meinem schlechten Englisch ein Gespräch beginne, winkt unser Pilot ab. „Sie können ruhig mit mir Deutsch sprechen. Ich verstehe Ihre Sprache recht gut. Mein Vater war bei der Deutschen Kriegsmarine und kam nach Kriegsende in kanadische Gefangenschaft.

1948 wurde er hier entlassen und fuhr nach Deutschland. Doch seine Heimatstadt war zertrümmert, und es herrschte drüben noch große Not.

Deshalb kam er noch im selben Jahr nach Kanada zurück, lernte meine Mutter kennen, heiratete sie und ist seit vielen Jahren Schlepperkapitän auf dem Yukon!"

Der Flug geht über unendliche Wälder, die vor allem mit Kiefern, Tannen und Birken bestockt sind. Wir fliegen über breite Täler, Seen und Bäche. Nach etwa einer halben Stunde überqueren wir den Teslin-River, der sich in großen Windungen durch teilweise steile Hänge zwängt.

Von meinem Beobachtersitz neben dem Piloten kann ich zwei Stück Elchwild erkennen, die in den dichten Kiefern regungslos verharren. Mit meinem Fernglas kann ich sie sogar als Alttier mit Kalb ansprechen.

Nach einer knappen Stunde erreichen wir eine bewaldete Talsenke und erkennen von Südwesten her die Loon Lakes, drei herrliche schmale Bergseen. Am mittleren See macht der Pilot eine Schleife und landet am flachen Ufer, denn ein Anlegesteg ist nicht vorhanden.

An Land werden wir von unseren Jagdführern empfangen, und dabei lerne ich Mark kennen, einen jungen sympathischen Mann, der mich die nächsten Wochen durch dick und dünn führt.

Für den Transport unseres Gepäcks und der mitgebrachten Lebensmittel stehen sechs Pferde zur Verfügung, die hochbeladen die schweren Lasten vor uns tragen. Nach einem halbstündigen Fußmarsch auf einem Elchwechsel erreichen wir bei schönstem Herbstwetter unser Camp, das malerisch am kleinsten See liegt.

Im Camp, das aus drei Zelten besteht, werden wir von der

kleinen rundlichen Köchin Luan freundlich begrüßt. Die fünfundzwanzigjährige Frau stammt aus einer großen Farmerfamilie und hat zu Hause ein halbes Dutzend Brüder. Deshalb setzt sie sich den vier Jagdführern und dem Pferdehalter gegenüber hervorragend durch.

In hübscher Umgebung zwischen Tannen und Birken, keine hundert Meter von dem herrlichen See entfernt, steht unser Zelt mit höchstens zwanzig Quadratmetern Grundfläche.

Da ich nicht gern mitten im Kessel liege, wähle ich meinen Platz am rechten Flügel der ausgebreiteten Planen, die mit Schaumstoff belegt sind. Als ich meinen Schlafsack auf die selbstgewählte Schlafstelle lege, stelle ich mit Schrecken fest, daß ich mein Lager ausgerechnet auf einem großen Stein, der meinen Liegekomfort sicher nicht verbessern wird, errichtet habe. Eine mangelhafte Erkundung des Geländes wirkt sich eben negativ aus. Doch entschieden ist entschieden!

Damit wir unser Gepäck und vor allem unsere Bekleidung und Ausrüstung, die vermutlich oft naß wird, aufhängen können, ist eine Stange mit zwei Pfählen gegenüber der Schlafseite angebracht. Ein altes Benzinfaß auf zwei großen Steinen, der legendäre Yukonofen, soll uns vor dem Erfrieren bewahren.

Während unsere energische Köchin zum Abendessen ruft, stehe ich am Seeufer und bewundere den Sonnenuntergang, der sich in den herrlichsten Farben abspielt.

Unser Abendessen nehmen wir im Küchenzelt ein, dem Herrschafts- und Schlafbereich von Luan. Dort sitzen wir an einem langen Tisch auf provisorisch behauenen Baumstämmen, die uns als Bänke dienen; recht hart, aber doch ganz gemütlich. Mit Elchfleisch, Bohnen und Kartoffeln sowie Weißbrot und dünnem Kaffee werden Hunger und Durst gestillt.

Links oben: Das Steinböckchen steht absprungbereit im hohen Gras. Die Lauscher signalisieren höchste Alarmbereitschaft.
Rechts oben: Mein Jagdführer Mark und ich auf dem Ritt durch die Waldzone in die höhere Caribouregion.
Unten: Schaufler und Beihirsch ziehen über die Wanderdünen zum Meer, um sich nach der Brunft zu erfrischen.

Hinter dem Küchenzelt haben die kanadischen Jagdführer und der Pferdehalter ihr Zelt, und nicht weit davon hängen in einem Netz, hoch oben in einer starken Tanne, die Fleischvorräte des Camps. Denn vor Bären, als höchst ungebetenen Besuchern, soll man hier nicht sicher sein.

Zwischen dem Küchenzelt und unserem Domizil liegt der Sattelplatz. Auf einem Zaun hängen die breiten Westernsättel, die zugedeckt sind, um sie vor Regen und Schnee zu schützen. Am Hang – mit einer guten Aussicht auf den See – liegt die Latrine, die sich sogar als Beobachtungsplatz eignet.

Vom Seeufer aus können wir in der Ferne unsere Pferde sehen, deren Vorderbeine mit einer Kette gehobbelt sind und die sich ihr Futter selbst suchen müssen. Zu unserem Camp gehören insgesamt zweiundzwanzig Reit- und Packpferde, von denen mindestens acht jeden Morgen gesucht und eingefangen werden müssen, denn vier Jagdführer und vier Gäste müssen beritten sein.

Nachdem unser Yukonofen, ein gewaltiger Holzfresser, noch einmal bis oben vollgestopft worden war, kriecht alles in die Schlafsäcke, denn morgen beginnt eine anstrengende Jagd.

Das allgemeine Wecken ist um sieben Uhr, dann die übliche Rasier- und Waschzeremonie am dampfenden See, und um acht Uhr ruft Luan mit durchdringender Stimme: „Breakfast ist ready!“

Bevor wir uns an den Tisch setzen, hören wir von Philip, einem hervorragenden indianischen Jagdführer, daß ein starker Grizzly in der letzten Nacht unserem Camp einen Besuch abgestattet hat. Am Fährtenbild ist zu erkennen, daß der Bär auf dem Weg zum Vorratsnetz war und dann vermutlich gestört wurde. Unsere Jagdführer sind wegen des Bärenbesuchers sehr aufgeregt, besonders die beiden Indianer George und Philip, denn sie können aufgrund ihrer Erfahrung die Gefahr wohl am besten beurteilen. Natürlich ist der Gedanke, daß Meister Petz

Der Schaufler in der Ostsee-Brandung hebt sein Haupt, als bete er und wolle seinem Schöpfer danken.

uns nachts besucht hat und uns durch die dünne Zeltbahn hindurch mit seinen Pranten streicheln hätte können, nicht gerade angenehm. Doch man muß auch Optimist sein und nicht gleich das Schlimmste befürchten.

Nach dem Frühstück, das aus frischgebackenen Pfannkuchen mit Ahornsirup wie gebratenem Speck, dicken Elchfleischscheiben mit Weißbrot und einem viel zu dünnen Kaffee besteht, geht es zum Sattelplatz. Mark hat für mich einen großen Dunkelfuchs mit dem Namen Tim gesattelt, ein Kaltblut mit Temperament und Jagdverstand, das mir sofort gefällt. Nach dem üblichen Beriechen habe ich den Eindruck, daß mein Tim Zutrauen zu mir hat, denn er schnuppert ganz ungeniert an den Taschen meiner Reitjacke, wo noch ein paar Zuckerstücke versteckt sind.

In einem Gewehrfutteral aus Leder, hier Scabbard genannt, verstaue ich meine Steyr-Mannlicher mit aufgesetztem Zielfernrohr. Obwohl ich Bedenken habe, daß bei einem Ritt durch dichtesten Busch die Optik durch Schläge leiden könnte, überzeugt mich das Argument meines Führers, daß ich ohnedies keine Zeit hätte, das Zielfernrohr zu montieren, wenn wir auf Wild stoßen. Mark hat für sich eine Rappstute mit Blesse gesattelt. Nachdem wir beide nachgegurtet hatten, reiten wir los.

Gleich hinter dem Camp müssen wir durch die Furt eines Gebirgsbaches; das zwingt uns die Beine zu heben und auf den Pferdehals zu legen.

Auf einem Elch- und Bärenwechsel geht es langsam einen Hang hinauf. Die Arktisbirken, durch die der Wechsel führt, sind etwa so hoch wie unsere Pferde, doch sie stehen so dicht, daß man kaum mehr als zehn Schritt in dieses undurchdringliche Gestrüpp hineinsehen kann. Damit hat auch ein starker Grizzly die Chance, sich zu drücken, wenn er sich nicht gerade auf die Hinterläufe stellt oder gar angreift.

Weiter geht der Ritt über einen Höhenrücken, der mit Erlen, Espen und Weißtannen bestockt ist. Die kleinen Blätter der Laubsträucher sind größtenteils rot und gelb verfärbt, denn wir sind mitten im Indianersommer, der schönsten Jahreszeit in diesen Regionen. Mark macht an übersichtlichen Stellen Beobachtungshalte, damit wir sehr intensiv die Hänge und Täler ableuchten können.

Unser Pferde treten sehr sicher, obwohl umgestürzte Bäume, starkes Wurzelwerk und steile Böschungen unseren Vierbeinern zu schaffen machen. Als geübter Reiter überlege ich mir, ob unsere hochgezüchteten Warmblüter dieses schwierige Gelände schaffen würden, denn hier kommt es auf ein gutes Auge und auf viel Erfahrung in der Wildnis an.

Je höher wir kommen, desto geringer wird das Laubholzvorkommen. Der Fichten- und Tannenwald löst sich langsam in einzelne Baumgruppen auf.

Wieder halten wir und erblicken hinter uns unseren kleinen See mit den Zelten am Ufer; seine Oberfläche glitzert wie blaues Kristall.

Plötzlich sehen wir hinter einer Tannengruppe ein einzelnes Elchtier, das mit hocherhobenem Haupt und großen Lauschern wie ein vorzeitliches Denkmal dasteht und uns vorbeireiten läßt, ohne zu flüchten oder Furcht vor uns zu zeigen.

Inzwischen haben wir Mittagszeit, und Mark möchte wissen, ob ich auf ein kleines Feuer Wert lege. Da wir nur Kaltverpflegung bei uns haben – riesige Schnitten Weißbrot mit kaltem Elchfleisch, dazu trinken wir unseren Tee aus der Feldflasche – verzichte ich auf ein Feuer; außerdem ist es angenehm warm.

Unsere Pferde erhalten Marscherleichterung: wir lösen die Sattelgurte und nehmen die Trensen ab, damit sie an den Blättern knabbern können. Mark hat als anständiger Reiter für unsere vierbeinigen Kameraden eine Haferration mitgenommen; so können wir alle zufrieden sein.

Nach einer halben Stunde folgen wir einem Bachlauf aufwärts, und selbstverständlich wird bei diesem schwierigen Gelände abgesessen, um die Tiere nicht übermäßig zu strapazieren.

Der Wind frischt auf, und ich habe den Eindruck, daß wir gegen jede Pirschregel verstoßen und mit Nackenwind das obere Plateau erreichen wollen. Also Pustefix heraus, und siehe da, die Seifenblasen segeln fröhlich in Pirschrichtung vor uns her. Mark glaubt nicht, daß der Wind bei dieser Jagd eine große Rolle spielen wird; denn der Schweißgeruch der Pferde könnte den Geruch des Menschen überdecken und damit unwirksam machen.

Endlich haben wir das Plateau erreicht, das vor allem mit buschartigen Erlen bedeckt ist. Auf gut vierhundert Metern sehen wir vier Caribous, die sich in diese Erlendickung eingeschoben haben. Es sind zwei junge schwache Hirsche und zwei Tiere, also nichts für uns.

Und weiter geht es einen Berghang entlang, und wir lassen die Baumgrenze hinter uns. Von hier aus haben wir einen großartigen Blick über einen Großteil unseres Jagdgebietes bis zum Teslinfluß und zu den Loon Lakes. Am Horizont leuchten die schneebedeckten Ausläufer der Rocky Mountains. Unsere Pferde sind schon ziemlich ausgepumpt und erschöpft; eine Pause mit einem Beobachtungshalt erscheint uns notwendig, und wir können das umliegende Gelände sehr genau ableuchten.

Plötzlich ist auf einer gegenüberliegenden Höhenrippe ein dunkler Punkt sichtbar. Ist es ein Elch oder ein Bär, der auf mindestens drei bis vier Kilometer Entfernung in den bunten Büschen steht? Mark versucht, mit seinem Spektiv das Rätsel zu lösen; glaubt er, daß dieser Punkt ein ganz dunkler Elch sei, der völlig bewegungslos und reglos dasteht?

Es ist inzwischen später Nachmittag geworden, und wir beide kommen zur Ansicht, daß wir es bei diesem schwierigen Gelände und der Entfernung heute nicht mehr schaffen, an den Elch heranzukommen. Schade!

Die Pferde haben sich unterdessen erholt, und wir ziehen unsere Pullover an, denn hier auf dem Höhenrücken ist es ziemlich kalt geworden. Nach einem Bogen reiten wir wieder durch Buschgelände in tiefere Lagen Richtung Loon Lakes.

Plötzlich hält Mark, sitzt ab und winkt mich zu sich. Mehrere Haufen schwarze Bärenlosung – jeder so groß wie ein Litergefäß, aus dunklen Beerenresten bestehend – beweisen, daß der Grizzly hier seinen Einstand hat. Die noch festgeformten Losungsballen deuten daraufhin, daß es noch frische Losung ist und der Bär gar nicht so weit entfernt sein kann. Also aufgepaßt, daß wir Meister Petz in diesem undurchdringlichen Busch nicht übersehen oder er uns nicht überrascht.

Mein Tim prustet plötzlich und nickt leicht mit dem Kopf, als wolle er mir etwas melden. Und richtig: Kaum zehn Schritt rechts von mir läuft ein schwarzweißer Vogel mit einem sehr langen Stoß, eine Mischung zwischen Auerhahn und Birkhahn, unter den Weißtannen davon.

Langsam fängt es an zu regnen, doch die gute Zolljacke hält Wind, Kälte und Regen ab. Nur an den Beinen friere ich schrecklich, da der lange und schwere Regenmantel beim Reiten immer verrutscht und die Feuchtigkeit durch die Moleskinhose dringt. Entscheidend ist jedoch, daß die Okulare meines Fernglases nicht naß werden und beschlagen.

Mein braver Dunkelfuchs dampft bei dieser Temperatur am ganzen Körper, und ich atme als Mann, der mit Pferden groß geworden ist, diesen Schweißgeruch wie Parfüm ein.

Wir beide müssen besonders aufpassen, denn Hindernisse wie Wurzeln, Steine und Löcher sind reichlich vorhanden. Außerdem kommen wir wieder in den geschlossenen Talwald, wo ich morgens beim Aufritt durch tiefhängende Äste schon kräftige Ohrfeigen erhalten hatte und beinahe aus dem Sattel geworfen worden war.

Nach knapp zehn Stunden Reitpirsch erreichen wir ziemlich durchfroren das Camp. Abgesattelt, umgezogen, die Waffe gereinigt, und schon sitzen Mark und ich bei den Kameraden im Wirtschaftszelt, um uns aufzuwärmen und Luans Abendessen zu verschlingen, denn wir haben einen riesigen Hunger. Die gebratenen frischen Forellen schmecken uns vorzüglich.

Nach dem Abendessen berichtet jeder von uns über seine Erlebnisse an diesem ersten Jagdtag. Alle haben mehr oder weniger Anblick gehabt, doch etwas Jagdbares wurde nicht gesichtet. U. will mit seinem Jagdführer in der Nähe der Wildbretvorräte, die in einer Tanne hängen, die kommende Nacht verbringen, um den vorher im Camp gefährteten Grizzly zu erlegen. Eine verdammt kalte Angelegenheit, denn wir haben jetzt schon leichten Frost, und laut Wetterbericht soll die Temperatur heute Nacht bis auf minus 10 Grad Celsius sinken.

Im Zelt werden die nassen Bekleidungsstücke so hingehängt, daß morgen früh möglichst alles trocken ist. Dann rein in den Schlafsack, nachdem das Feuer versorgt worden war. Ich schlafe sofort ein und werde erst kurz nach Mitternacht wach, weil ich erbärmlich friere; ich werfe deshalb schnell einige große Holzkloben in den Ofen, ziehe noch Wollunterwäsche über den Schlafanzug, und schon falle ich wieder in den Schlaf.

Gegen sechs Uhr kommt U. völlig durchfroren von seinem Ansitz, ohne vom Bären auch nur ein Haar gesehen zu haben. Der Wecker beendet gnadenlos um sieben Uhr unsere Nachtruhe, obwohl wir alle noch gern etwas länger geschlafen hätten. J. schaut auf sein Thermometer und meldet grinsend: „Hier im Zelt haben wir immerhin minus 5 Grad Celsius. Draußen wird es sicher noch etwas frischer sein!" „Auf, auf zum fröhlichen Jagen", höre ich den Kommentar von E. G., unserem Stubenältesten.

Nach dem üblichen Zeremoniell am See und dem reichlichen Frühstück empfangen wir bei Luan unsere Marschverpflegung, und sofort geht es zum Sattelplatz. Obwohl unser neuer Pferdehalter A. viel zu spät zum Einfangen der Pferde aufgebrochen ist, hat es mein Jagdführer Mark geschafft, pünktlich zwei Vierbeiner für uns zu organisieren. Für mich hat er eine kleine Grauschimmelstute, die auf den Namen Elly hört, gesattelt, da mein Tim sich heute morgen so gedrückt hatte, daß er nicht gleich gefunden worden war.

Mit seiner Rappstute an der Spitze geht es wieder über den Bach, doch nach einem Kilometer reiten wir links durch eine Schlucht. Wir wollen von der Westseite an das Plateau herankommen, von dem aus wir gestern den dunklen Elch auf mindestens drei Kilometer Entfernung gesehen haben. Obwohl die Sonne scheint, ist es doch im Sattel noch empfindlich kalt, und so sitzen Mark und ich ab, um uns durch einen Fußmarsch zu erwärmen.

Bäume und Sträucher sind mit Rauhreif überzogen und die

Landschaft sieht fast winterlich aus. Der leicht gefrorene Boden läßt Hufschlag und Schritte lauter klingen.

Wir verlassen das bewaldete Tal, um einen Höhenrücken zu überwinden, der nur teilweise mit bunter Arktisbirke bestockt ist. Hier zeigt Mark, daß er noch jung und ehrgeizig ist. Statt wie üblich einen Hang in Serpentinen anzugehen, macht es ihm Spaß, gerade auf direktem Wege zur Höhenlinie vorzudringen, soweit es die Wildnis zuläßt – natürlich abgesessen. Vermutlich will er testen, was in dem deutschen Colonel steckt, obwohl er weiß, daß ich mehr als doppelt so alt bin wie er.

Das Herz schlägt gewaltig, und der Puls ist rasend beschleunigt, denn diese Kletterei findet in einer Höhe von mindestens 2.400 Metern über dem Meere statt. Natürlich ist es unsinnig, dieses mörderische Tempo eines vierundzwanzigjährigen Mannes, der in diesem Lande aufgewachsen ist, auf die Dauer mitzuhalten, doch mein Stolz will nicht so schnell aufgeben, da ich noch bis zum fünfzigsten Lebensjahr ein braver Marschierer und ausdauernder Schwimmer war.

Auf dem Kamm angelangt, machen wir einen Beobachtungshalt, und ich lasse mir nicht anmerken, daß diese Schinderei mich doch ziemlich angestrengt hat. Unterdessen hat die Sonne den Rauhreif fast restlos weggeschmolzen, und ganz gemütlich reiten wir auf dem Höhenzug einen Wechsel entlang. Dann geht es durch ein wildverwachsenes Erlental, einen kleinen Bach entlang, wo wir mehrmals ganz frische Elchlosung, die noch dampft, finden. Weit über uns kreist ein Adler, der mich an den Steinadler der Alpen erinnert. Wir finden hier in diesem Dickicht mehrere Elchabwurfschaufeln, die in ihren Ausmaßen beachtlich sind und mein Herz höher schlagen lassen. Leider sind sie von Stachelschweinen stark angenagt.

Immer wieder zwingen uns Hindernisse und steile Böschungen zum Absitzen, so daß wir nur ein geringes Marschtempo erreichen. Außerdem haben wir in den bewaldeten Tälern und Schluchten nur geringe Beobachtungsmöglichkeiten. Deshalb gilt es, diese Zwischenzonen möglichst bald zu überwinden, um auf den Plateaus viel Zeit für Ansitz und Pirsch zu haben.

Am frühen Nachmittag erreichen wir ein dichtbewachsenes Waldstück aus Hemlocktannen, das von einer Matte mit roten Preiselbeeren umrahmt wird. Ein herrliches Bild, das mich an Mittelnorwegen erinnert. Plötzlich hält Mark und zeigt mit dem Arm zum Waldrand, dabei ruft er: „Wolverine, Wolverine!"

Der bärenartige braune Vielfraß, ein sehr scheues Tier, verschwindet mit einem Satz in den Hemlocks, so daß ich ihn nur flüchtig erkennen kann.

Bei der anschließenden Rast erzählt mir Mark die folgende Geschichte vom Vielfraß: „Ein erfahrener Trapper fand in seinem Revier an einem See eine Spur, die er bisher nicht kannte. Es herrschte arktische Kälte, und die vorher guten Fänge blieben aus, weil das gefangene Haarwild immer fort war, bevor er noch die Fallen kontrollierte. Er ahnte zwar, wer der Übeltäter sein könnte, doch er konnte ihn niemals sehen. Dann fing er einen Biber als Köder und stellte vier Tellereisen an einen belaufenen Biberschlupf. Am nächsten Morgen fand er einen starken Vielfraß, der mit einem Hinterlauf in einem Tellereisen steckte und vor Wut und Schmerz wie ein Teufel raste. Da der Trapper aber den Ankerdraht sehr stabil befestigt hatte, glaubte er nicht, daß ihm das Raubwild gefährlich werden könnte. Mit geladenem Gewehr näherte er sich dem Tier, um ihm einen Fangschuß anzutragen. In Todesangst sprang ihn der Vielfraß mit einem gewaltigen Satz an. Der Ankerdraht riß, der schnell abgegebene Schuß ging daneben, und blitzschnell biß die Bestie dem Trapper in das linke Handgelenk. Trotz rasender Schmerzen würgte er mit der rechten Hand das Raubwild so stark am Hals, bis es losließ. Dann konnte er den flüchtigen Räuber erlegen!"

Mark erläuterte mir, daß der Vielfraß eine Marderart ist und bis zu einem Meter lang wird. Er kann bis zu fünfzig Zentimetern groß werden, bis zu vierzig Kilo wiegen und gilt als überaus intelligent. Die meisten Trapper gehen dem Räuber aus dem Wege, weil sie meinen, daß ihnen die Erlegung dieses Tieres Unglück bringen könnte.

Und weiter geht es durch Erlengestrüpp, vorbei an Espen und weißrindigen Birken dem Höhenrücken zu. An einem überhöhten Buckel machen wir Halt, um den Pferden eine Verschnaufpause zu gönnen und um selbst zu beobachten. Mark holt aus seiner Satteltasche einen Elchruf, ein Stück Birkenrinde, das zu einem Trichter gebogen ist. Ziemlich leise knört er recht unmelodisch „Oha, Oha", wie ich es zur Zeit der Brunft in Ostpreußen und Finnland gehört hatte.

Und siehe da, nach einigen Minuten steht plötzlich auf knapp vierhundert Schritt ein junger, noch schwacher Schaufler zwischen den Birken. Anscheinend ist sich der junge Kavalier nicht im klaren, ob der große Bruder in der Nähe ist und ihn vielleicht vertreiben will. Da Mark nicht noch einmal ruft, wendet der Jüngling und verschwindet mit ein paar Schritten im Dickicht.

Wir sitzen noch eine Weile, denn es könnte ja möglich sein, daß ein jagdbarer Hirsch – von Liebessehnsucht geplagt – unseren Ruf auch gehört hat.

Mit dem Spektiv leuchtet mein Führer nochmals das umliegende Gelände ab. Doch Wild ist nicht erkennbar. Mein gutes Zeissfernglas 8 x 56, das mir zu Hause wertvolle Dienste leistet, kann ich bei diesen Entfernungen nicht voll einsetzen. Außerdem ist mein Flachland-Jägerauge für diese Gebirgsjagd nicht genügend geschult.

Mark deutet mit dem Arm nach halbrechts und flüstert: „Caribou!" Auf fünfhundert Schritt zieht ein schwaches Rudel durch die Erlen. Auffallend sind die fast weißen Träger und silbergrauen Rücken der sonst graubraunen Tiere. Die beiden noch jungen Hirsche sind für uns uninteressant.

Ein Blick auf die Uhr und auf die langsam untergehende Sonne belehrt uns, daß wir an den Heimritt denken müssen, denn vor Dunkelheit wollen wir im Lager sein.

Obwohl meine kleine Stute Elly sich bisher gut bewährt hat und von mir auch oft geschont worden war, stelle ich bei steilen Böschungen bergab fest, daß sie nicht so stabil und umsichtig ist wie mein Tim.

Ziemlich spät kommen wir ins Camp zurück, und nach den Verrichtungen wie Waffenreinigen und Holzhacken, stärkt uns Luan mit Elchfleisch, gebackenen Eiern und viel Kaffee.

Da wir nicht viel zu berichten haben, räumen wir Jäger bald das Küchenzelt und ziehen uns in unseren warmen Salon zurück. Es wird nicht mehr viel gesprochen, denn jeder macht sich wohl seine Gedanken, wie das Wetter am nächsten Tag sein wird und wie man den Jagdplan für morgen verbessern könnte. Und bald hört man den ersten Nimrod schnarchen.

Auch die nächsten Tage vergehen mit anstrengenden Ritten und Pirschen, ohne einen guten Schaufler zu sehen oder zu hören, obwohl die Brunft bereits begonnen hat.

Letzte Nacht hat es leicht gefroren, und im Morgengrauen hören wir gar nicht so weit entfernt von uns ein Rudel Timberwölfe heulen.

Der See dampft, und der Boden ist leicht gefroren, als Mark und ich nach Südosten reiten. Ich freue mich, daß ich wieder meinen Tim reiten kann, denn unterdessen wissen wir beide, was wir voneinander zu halten haben. Hinter den Weißtannen kommen wir durch eine Partie Sitkafichten, deren Äste mir ein paarmal das Gesicht zerkratzen, weil ich nicht schnell genug in Deckung gegangen war. Unter diesen Nadelhölzern wächst kein Unterholz, nur dichte Moospolster bedecken den Waldboden.

Nach über zwei Stunden geht es bergan, und wir erreichen gegen Mittag ein großes Plateau, das mit Preiselbeeren bedeckt ist und in der Sonne intensiv leuchtet.

Heute nehmen wir unseren Lunch rasch während eines Haltes ein, denn Mark will zügig zum Höhenrücken, von dem aus wir vor Tagen den dunklen Elch gesichtet haben. Vorbei an Hemlocktannen geht der Ritt wieder über einen Bach, durch Arktisbirken durch. Die Pferde dampfen schon kräftig, und öfters wird abgesessen, um die Tiere zu entlasten.

Weiter geht es in relativ flottem Tempo einen Bergrücken hinauf, bis wir einen Felsvorsprung erreichen, von dem wir beobachten können. Mark hat sein Pferd abgesattelt, den Sattel auf einen Stein gelegt und beobachtet liegend aufgelegt die Berghänge und die unteren Plateaus. Mit der Sonne im Rücken können wir von oben sehr weit in die Bergerlen und Birken hineinschauen.

„Moose", murmelt Mark und winkt mich zu sich, damit ich

durch sein Spektiv seine Beobachtung bestätige. Nach einigem Suchen kann ich einen dunklen Elch auf etwa drei Kilometern feststellen; seine Trophäe blitzt hell im Sonnenlicht. Natürlich kann man bei dieser Entfernung nicht die Stärke der Schaufeln ansprechen. Deshalb heißt es: „Ran an den Schaufler!"

Sofort werden die Pferde gehobbelt, damit sie nicht weit gehen können. Doch die Tiere sind so strapaziert, daß sie froh sind, sich nicht viel bewegen zu müssen. Die Reitjacke wird ausgezogen, der Repetierer durchgeladen, der Wind mit meinem Pustefix geprüft, und schon arbeiten wir uns bei noch guter Deckung Richtung Elch vor.

Immer wieder schlagen uns die Erlenbüsche um die Ohren und manchmal können wir das Wild gar nicht mehr sehen. Außerdem ist die Orientierung in diesem Meer von Sträuchern, ohne markante Hilfsziele, recht schwer.

Noch weht uns der schwache Wind ins Gesicht. Doch an den Ohren merken wir, daß er mehrfach küselt. Am Rand eines Bestandes, der von ganz schwachen Birken begrenzt ist, müssen wir uns wieder orientieren, denn vorübergehend sind wir den Elchwechseln, die manchmal diagonal oder quer zur Zielrichtung führen, gefolgt.

Wo ist denn der Schaufler geblieben, haben wir noch die richtige Richtung, hat er seinen Einstand gewechselt oder hat er sich niedergetan?

Das Gelände wird jetzt offener, und plötzlich sehen wir den Recken auf einen Kilometer zwischen Hemlocktannen unbeweglich stehen. Der Schweiß läuft über Stirn und Rücken, und die Okulare der Ferngläser beschlagen immer wieder. Doch jetzt kann ich auch mit meinem Fernglas erkennen, daß er starke helle Schaufeln hat, deren Auslage recht beachtlich ist.

Wieder müssen wir ein Dickicht umschlagen, um von der Flanke an das Wild heranzukommen. Habe ich nicht soeben einen leichten Luftzug im Nacken gespürt? Das fehlt uns gerade noch, daß der Schaufler Wind von uns bekommt. Hinter einem bewachsenen Buckel halten und beobachten wir.

Auf etwa sechshundert Schritt sehen wir plötzlich, daß er

ganz langsam nach Osten zieht und immer wieder verhofft. Will er sich fortstehlen? Wir überlegen kurz, wie wir den Hirsch zum Stehen bringen können, und Mark entschließt sich, ganz vorsichtig mit dem Elchruf zu knören. Dabei sind wir uns der Gefahr bewußt, daß der Schaufler von uns bereits Wittrung haben könnte und – durch den Ruf vergrämt – wieder flüchtet.

Auf das leise „Oha, Oha" verhofft er ruckartig und äugt in unsere Richtung. Das Gelände zwischen dem Elch und uns wird immer offener; wir müssen unbedingt die einzelnen Sträucher und Buckel ausnützen.

Obwohl Elche nicht gut äugen können, nehmen sie Bewegungen im Gelände gut wahr. Heiliger Hubertus hilf und laß den Wind nicht küseln!

Mark tritt auf Dürrholz, das verräterisch knackt, so daß wir beide wie angewurzelt verharren. Hoffentlich nimmt das der Hirsch nicht übel.

Jetzt auf vierhundert Meter sehen wir beide ganz deutlich, daß der Schaufler jagdbar ist, obwohl die Vorschaufeln nicht besonders ausgeprägt sind.

Der Hirsch wirft plötzlich auf, und ich habe den Eindruck, daß er soeben Wind von uns bekommen hat. Es sind noch mindestens dreihundert Schritt, doch ich muß einen Schuß wagen, wenn meine ersehnte Beute nicht sofort flüchtend abgehen soll.

Als ich den Repetierer kniend auf Marks Schulter auflegen will, verweigert er schußscheu diese Unterstützung. Jetzt muß ich noch ein paar Schritte bis zu einer einzelnen Weißtanne vorkriechen.

Wird der Hirsch diese Verzögerung aushalten? Am untersten Ast finde ich eine Auflage, und als der Zielstachel mitten aufs Blatt zeigt, fällt der Schuß.

Im Knall bricht der kanadische Riese zusammen, hebt nur einmal ganz kurz das Haupt und rührt keinen Lauf mehr. Sofort repetieren und im Anschlag verharren, doch Mark will gleich nach vorn stürmen.

Mein hartes „Stop" hält ihn, der ziemlich unwirsch schaut,

am Platz; ich will auf jeden Fall verhindern, daß der Schaufler uns entkommt, sollte er nur einen Krellschuß haben.

Nach etlichen Minuten treten wir beide sehr erfreut an den Braven heran, der schon längst verendet ist. Der Einschuß ist mitten auf dem Blatt. Ein Ausschuß ist bei der Stärke des Wildes nicht vorhanden und auch nicht zu erwarten. Das KS-Geschoß vom Kaliber 8 x 68 S mit 14,5 Gramm Geschoßgewicht hat hervorragend gewirkt. Ich bin mit diesem Ergebnis sehr zufrieden, vor allem, da die Entfernung von gut dreihundert Schritt die Treffpunktlage nur geringfügig beeinflußt hat.

Nachdem wir die Trophäe des ungeraden Zwanzigenders – sie ist mit einer guten Auslage und breiten Schaufeln sehr beeindruckend – begutachtet hatten, darf ich leider meinem schwarzen Recken keine Totenwacht halten. Mark drängt darauf, sofort mit dem Aufbrechen und Zerlegen zu beginnen, weil wir noch mindestens vier Stunden für den Rückmarsch zum Lager benötigen. Nach dem Aufbrechen, das sehr geschickt mit Hilfe der Axt geschieht, werden die wertvollen Teile wie Rücken, Schultern und Keulen zerlegt. Der Schaufler wird nicht aus der Decke geschlagen, sondern die Deckenstücke bleiben am Wildbret. Dieses Verfahren geht nicht nur schnell, es hat auch den Vorteil, daß das Wildbret mit der Haarseite auf die Packsättel der Pferde gelegt werden kann, ohne sie zu verschmutzen. Auch der Weitertransport vom Camp an den Loon Lakes nach Whitehorse, wo das Wildbret verwertet wird, kann auch auf diese Weise sauber erfolgen, ohne umfangreiches Verpackungsmaterial zu benötigen.

Für mich ist es interessant festzustellen, daß Mark dem Geräusch und der Bauchdecke Proben entnimmt, die bei der Jagdbehörde in Whitehorse untersucht werden. Ansonsten bleibt der gesamte Aufbruch liegen, damit sich Bären und Wölfe daran gütlich tun können. Selbst die Leber wird mit Nichtachtung bestraft, da der Elch mindestens zwölf Jahre alt ist und sich in der Brunft befindet.

Um die Last kunstgerecht zu verteilen, holt Mark unsere Pferde, die so lange treu und brav am Ausgangspunkt der Pirsch gestanden sind.

Ein kanadischer Elch hat etwa zwölf Zentner Lebendgewicht. Rechnet man gut ein Drittel ab (Aufbruch, Schweiß, Läufe und Rippen), so bleiben immer noch sieben bis acht Zentner übrig, die verlastet werden müssen.

Schon beim Heranführen an das Wildbret merke ich, daß mein sonst so lammfrommer Tim fruchtbar schnaubt und sehr erregt ist. Als Mark ihm das Haupt mit den schweren Schaufeln auf den Sattel legen will, steigt er plötzlich mit der Vorderhand und rudert mit den Vorderbeinen, als ob er mich erschlagen wollte.

Trotz beruhigender Worte ist mein Dunkelfuchs völlig verrückt vor Angst, so daß ich Mühe habe, ihn zu halten. Na, was hilft's, dann muß eben die Rappstute das Haupt und den Rücken des Schauflers tragen.

Ich möchte, daß meine Trophäe noch heute zum Camp transportiert wird; ich will keinesfalls das Risiko eingehen, daß über Nacht eventuell Bär oder Wolf das Haupt zerlegen oder verschleppen. Mark hat dafür durchaus Verständnis, und deshalb wird die Last seinem Pferd aufgepackt. Am langen Zügel führt er seine Stute und spät in der Nacht erreichen wird das Lager. Dort werden wir schon von meinen Kameraden und den Jagdführern erwartet, denn J. hat meinen Schuß gehört und uns von weitem am gestreckten Elch gesehen.

Als erster unserer Gruppe habe ich Waidmannsheil, und meine Jagdfreunde gratulieren mir sehr herzlich, denn nunmehr scheint der Bann gebrochen zu sein. Trotzdem spüre ich, daß meine Mitstreiter nachdenklich werden. Obwohl wir noch zehn Tage Jagdzeit vor uns haben, taucht wohl die Frage auf, ob der eine oder andere nicht doch als Schneider heimkehren wird, denn die Jagd ist sehr anstrengend und die Wilddichte gering.

Ein Tottrinken meines Schauflers entfällt, da wir bewußt keinen Alkohol ins Camp mitgenommen haben, vor allem, um den Indianern kein schlechtes Beispiel zu geben.

Obwohl ich hundemüde bin, kann ich nicht einschlafen, denn die Ereignisse der letzten Stunden haben mich doch ziemlich aufgewühlt.

Am nächsten Morgen geht es zeitig mit zwei zusätzlichen Packpferden in den Busch, um die Masse des Wildbrets abzuholen. Da wir gestern abend vor dem Verlassen des Wildbrets noch meine Patronenhülse und ein gebrauchtes Taschentuch am Stück gelassen haben, finden wir die wertvolle Beute völlig unberührt.

Ein Abfährten der weiteren Umgebung zeigt, daß Wölfe das Wildbret zwar umkreist haben, jedoch zu vorsichtig waren, um es anzunehmen.

Nachdem unsere Beute fachgerecht auf beide Packpferde verladen worden war, marschieren wir gegen Mittag bei strahlendem Sonnenschein in Richtung Lager.

Vor Einbruch der Dunkelheit erreichen wir wohlbehalten unser Camp, und ich kann mich jetzt mit dem Versorgen meiner Trophäe befassen und mich so richtig an ihr erfreuen.

Unterdessen ist auch unser Senior E. G. im Camp eingetroffen. Er hat heute unter Führung des alten Indianers George einen starken Achtundzwanzigender mit guten Schaufeln im Arktisbusch geschossen. Dazu wünsche ich ihm ganz herzlich ein kräftiges Waidmannsheil.

Wir freuen uns, daß unser Stubenältester noch so fit ist und die Strapazen einer derartigen Jagd erfolgreich übersteht. Es ist sicherlich nicht alltäglich, daß ein altgedienter Jäger mit siebenundsechzig Jahren noch so viel Einsatz zeigt.

Am nächsten Morgen hören wir schon sehr früh unsere Jagdführer Philip und Mark auf dem Sattelplatz hantieren. Es sind dies Vorbereitungen für eine Gebirgsjagd auf Caribous und für den Aufbau eines Außenlagers in einem anderen Revierteil an der Baumgrenze. Dazu müssen Verpflegung, Töpfe, Decken, Schlafsäcke und eine ganze Zeltausrüstung mitgeführt werden, denn wir wollen eine Woche lang in der Schneeregion jagen. Damit wir die Beute, die wir uns erwarten, auch bergen und ins Hauptlager an den Loon Lakes transportieren können, nehmen wir noch zusätzlich fünf Packpferde mit.

Gegen neun Uhr marschiert unsere stattliche Karawane nach Osten. Die Packpferde gehen in der Mitte, und an der Spitze und am Ende der Kolonne reitet jeweils ein Jagdführer.

Zunächst geht es durch ein fast trockenes Flußtal recht gut voran. Doch dann müssen wir über ein Hochmoor, das mit schwachen Birken bestockt ist. Es sieht beinahe so aus wie in Karelien.

Vor mir schaukeln einige Packpferde ganz bedenklich mit ihren Lasten, und ein Brauner ist mit der Vorderhand so weit eingesunken, daß er vor Angst wild auskeilt. Es gelingt diesem tapferen Kerl, sich aus dem Morast herauszuarbeiten, ohne die Packlast abzuwerfen. Endlich haben wir glücklich und ohne Verluste dieses teuflische Moor überwunden.

An einem Pappelbestand, der mit seinen verkohlten Teilen vermutlich einen Waldbrand überstanden hat, machen wir Rast, da die Pferde völlig ausgepumpt sind. Doch nach einer Zigarettenlänge gibt Philip an der Spitze das Zeichen zum Weitermarsch: wir haben noch einige Hindernisse zu überwinden und wollen unbedingt vor der Dunkelheit am Ziel sein.

Hinter einer Biegung des Tales geht es plötzlich nach rechts und steil bergan. Ein Bergrücken mit erheblichen Steigungen liegt vor uns. Also müssen wir absitzen und mit keuchender Lunge hinter einem Packpferd hermarschieren. Mein Tim tritt mir fast auf die Fersen, wenn ich das Tempo nicht ganz einhalte oder sich der Abstand zum Vordermann erheblich vergrößert. Als Herdentier will er den Anschluß an seine Artgenossen nicht verlieren. Der Instinkt und die Erfahrung sagen ihm wohl, daß er im Rudel am besten geborgen ist.

Langsam fängt es zu regnen an. Wind kommt auf und Graupelschauer fegen über den Höhenzug. Auf dem Höhenkamm kommen wir trotz der Abkühlung völlig verschwitzt und durchnäßt an. Obwohl es zeitweise eben ist, will ich mich mit meiner nassen Hose nicht in den Sattel setzen. Der Waldboden ist durch den Regen sehr glatt geworden, und die Pferde müssen verdammt aufpassen, damit sie nicht stürzen. Wieder geht es steil bergab in ein breites Tal. Am langen Zügel führe ich Tim in einem größeren Abstand zum Vorderpferd.

Und plötzlich passiert das Malheur. Mein Fuchs ist offensichtlich über eine Wurzel gestolpert und rutscht auf der Hinterhand den matschigen Hufschlag herunter. Im letzten Augenblick kann ich beiseite springen und einen Warnruf ausstoßen, damit mein Dicker mit seinen zehn bis zwölf Zentnern Eigengewicht nicht die Kolonne vor uns gefährdet. Doch glücklicherweise wird diese Rutschpartie meines Vierbeiners durch eine vorstehende Weißtanne gestoppt. Tim richtet sich auf, schüttelt sich und prustet – als Zeichen seines Wohlbefindens.

Noch vor Einbruch der Dunkelheit erreichen wir einen idyllisch gelegenen Zeltplatz an einem Bach, der von Birken und Erlen umrahmt ist. Bis zur Baumgrenze sind es nur ein paar Kilometer, so daß wir morgens sehr bald im eigentlichen Caribourevier sind. Schnell wird das Zelt aufgebaut und aus dem Busch ein verrosteter Yukonofen geholt. Offensichtlich hatte man hier schon öfter ein Außenlager aufgeschlagen.

Die Pferde erhalten nach einer Portion Hafer ihre Freiheit und verschwinden im Busch, um sich mit Blättern den Magen weiter zu füllen. Damit wir am nächsten Morgen die Pferde wieder finden, erhalten drei Reittiere jeweils eine Glocke um den Hals.

Inzwischen hat Philip das Kunststück vollbracht und auf dem Ofen Eier mit Speck gebraten und – ausnahmsweise – guten Kaffee gebraut. Das kalte Elchfleisch ist zwar kein besonderer Genuß, doch es stillt den Hunger. Das Gespräch nach dem Abendessen dreht sich vor allem um das Wetter, das für den Jagderfolg in dieser Höhenlage sehr entscheidend ist.

Nach unserem heutigen recht anstrengenden Ritt über zehn Stunden sind wir alle rechtschaffen müde und kriechen in unsere Schlafsäcke. Nachts werde ich wach, weil ich friere.

In weiter Ferne höre ich ein Wolfskonzert, das recht schaurig klingt.

Der Regen hat längst aufgehört, und durch das offene Zelt sehe ich einen klaren Sternenhimmel, der uns vermutlich Kälte bescheren wird. Mit diesen Gedanken schlafe ich wieder ein und werde erst durch das Klappern von Küchengeschirr wach – Philip bereitet uns das Frühstück. Die Petroleumlampe am Zelteingang beleuchtet den Küchentrakt unseres luftigen Domizils; der Duft des gebratenen Specks steigt uns verlockend in die Nase.

Während wir im Morgengrauen frühstücken, kommt Mark mit vier Pferden zum Zeltplatz, denn wir wollen unverzüglich in die höhere Bergregion aufbrechen. Ich bin froh, daß mein Tim sich heute nicht gedrückt hat, sondern ganz zufrieden auf mich wartet.

Nach Aussage des indianischen Jagdführers soll eine Jagd zweitausendfünfhundert Meter über dem Meeresspiegel für Pferd und Reiter nicht ganz einfach sein. Er sollte recht behalten.

Zunächst reiten wir gemeinsam durch ein bewaldetes Tal den Höhenzügen zu, bis U. und Philip links abbiegen. Und weiter geht es durch einen steinigen und breiten Gebirgsbach, dessen Wasser den Pferden bis zur Mitte des Bauches reicht.

Unmittelbar über der Buschzone liegt teilweise schon verharschter Schnee, auf dem sich sehr schlecht steigen läßt. Mark grinst mir ermunternd zu, und ich kann mir vorstellen, daß er mich für verrückt hält, weil ich die Schinderei in dieser Höhenlage und in dem unwegsamen wie steilen Gelände mitmache, nur um eine gute Cariboutrophäe zu erbeuten. Doch hat jemand diese Verrücktheit einmal angefangen, so muß er sie auch bis zum Schluß anständig durchstehen. Das gehört sich so!

Völlig ausgepumpt erreichen wir gegen Mittag den beherrschenden Kamm, von dem aus wir einen herrlichen Überblick über diese grandiose Bergwelt haben. Durch meine Erfahrungen bei der Jagd auf Gams und Murmel in Tirol und Kärnten etwas klüger geworden, habe ich vor Beginn des Aufstiegs – trotz der Kälte – Pullover und Reitjacke in den Rucksack gesteckt und kann hier oben meinen erhitzten Körper gegen die Kälte schützen.

Wir kauern uns beide in eine Schneemulde, damit uns der kalte Wind nicht so arg zusetzen kann. Auch ohne Spektiv können wir bei diesem Licht viele Kilometer weit die Hänge und Täler der umliegenden Bergwelt genau beobachten.

Mark stößt mich an und deutet auf einen Höhenzug, der mindestens vier Kilometer entfernt ist. Wie Miniaturfiguren ziehen fünf Caribous einen Höhenkamm entlang, und nach einer Weile verschwinden sie in einem Seitental.

Mein Jagdführer erklärt mir, daß Bergcaribous in diesen Lagen Standwild sind und meistens nur in schwachen Rudeln leben. Im Gegensatz zu den Barren-Ground-Caribous, die im Herbst zu Tausenden nach Süden ziehen, bleibt das hiesige Bergcaribou auch im Winter in den Tälern dieser Region.

Natürlich ist es hier viel schwieriger zu bejagen, weil die kahlen Hänge und Täler dem sehr gut äugenden Wild hervorragende Übersicht gewährt. Weder Mensch, Bär noch Wolf können den Caribous so leicht gefährlich werden, weil das Gelände sie schützt.

Halb erfroren klettern wir nach über vier Stunden Ansitz den Höhenrücken zu unseren Pferden hinunter, die ganz eng beieinander stehen und uns prustend empfangen.

Nach einer großen Schleife durch ein breites Tal, das mit Preiselbeeren bestanden ist und in der abendlichen Sonne rot leuchtet, geht es langsam in Richtung Camp. In den Büschen am Bach erkennen wir unser weißes Zelt. Aus dem Ofenrohr qualmt es ganz munter. Also ein Zeichen, daß unsere Mitstreiter schon zu Hause sind und vielleicht eine wärmende Mahlzeit oder ein heißes Getränk zubereiten. Ein guter Gedanke!

U. und Philip haben außer einem schwachen Rudel von Caribous, das aus zwei geringen Hirschen und drei Stück Kahlwild bestand, auch nichts Jagdbares gesehen.

Eine harte Jagd hier oben in der Schneeregion, weil wir die Pferde öfters stehenlassen müssen, um die Kämme auf allen vieren zu erreichen. Es ist unterdessen kalt geworden, und die tiefen dunklen Wolken verheißen Schnee.

Das ist für unsere Jagd sehr ungünstig, weil das Wild kaum zieht, sondern im Windschatten verharrt. Deshalb entschließen wir uns, am nächsten Morgen in der Waldzone zu bleiben, um eventuell auf Schwarzbären zu Schuß zu kommen.

Als wir morgens aus dem Zelt schauen, sehen wir eine angedeutete Winterlandschaft vor uns. Die Bäume scheinen wie mit Puderzucker bestreut.

Mein Tim trägt mich zunächst durch Balsamtannen und später durch Arktisbirken, natürlich Elch- oder Bärenwechsel ausnützend.

In einem engen Tal, dessen Hänge vorwiegend mit Blaubeeren bedeckt sind, machen wir Halt. Das Gelände sieht so aus, als ob jeden Augenblick ein Schwarzbär am Hang erscheinen könnte, um Beerenlese zu halten.

Die Sonne entfaltet ihre ganze Kraft und wärmt uns unsere steifen Glieder. Immer wieder leuchten wir die Hänge ab. Auch die geringste Bewegung eines dunklen Wildkörpers wäre sehr gut zu erkennen, doch es rührt sich nichts.

Nach dem Mittagessen, das aus dem obligaten Elchfleisch besteht, folgen wir noch einige Kilometer der Talsohle und gehen nach einer Biegung einen bewaldeten Hang hinauf, um ein Seitental zu erreichen. Und weiter geht es bergauf, denn Mark will unbedingt auf direktem Wege den Kamm erreichen, obwohl es in Serpentinen vernünftiger wäre.

Auf dem Höhenkamm, der mit Hemlocktannen bestanden ist, weht ein kräftiger Wind. Philip, der hervorragende indianische Jagdführer und Trapper, erzählt uns eines Abends, daß Bären (Grizzly und Schwarzbär) den Menschen bis auf achthundert Schritt wittern können, wenn sie unter Wind stehen.

Durch Balsamtannen und Erlenbüsche geht die Pirsch weiter.

Halt, was klingt dort so schaurig? Wolfsgeheul läßt unsere Herzen höher schlagen, doch wir können Richtung und Entfernung nur ganz grob schätzen. Mark spornt seine Stute an, um näher an das Rudel heranzukommen. Doch in diesem dichten Busch muß man schon sehr viel Glück haben, um Isegrim zu sichten.

Plötzlich hält Mark, sitzt ab und gibt mir das Zeichen zum Pirschen. Die Zügel werden einfach um einen Ast geschlungen, und schon pirschen wir zügig einen Elchwechsel entlang, denn die Wölfe heulen immer noch. Immer wieder halten und verhören wir, denn von Zeit zu Zeit sind die Wölfe noch zu hören. Offensichtlich zieht das Rudel in höhere Lagen, um vielleicht Caribous in ihren Einständen zu überfallen.

Ganz langsam setzt Nieselregen ein, und wir verhalten an einem Hang, von dem aus wir ein langgezogenes Plateau übersehen können. Von den Wölfen ist nichts mehr zu hören, und sonst sehen wir auch nichts. Naß und durchfroren, da wir unsere Reitjacken bei den Pferden ließen, geben wir unseren Beobachtungsposten nach einer guten Stunde auf.

Etwas enttäuscht und hungrig erreichen wir abends unser Camp am Erlenbach. U. und Philip sind noch nicht da, so bereitet Mark unser Menü zu. Außer dem Elchfleisch gibt es heute noch Kartoffelpuffer mit Erbsen und einen starken Kaffee, den ich mir besonders gewünscht hatte.

Beim üblichen Rauchen nach dem Abendessen dreht sich das Gespräch um die Frage, wo wir morgen auf Caribou oder Bär jagen könnten. Unterdessen sind auch U. und Philip halb erfroren im Zelt eingetroffen. Bis auf einen schwachen Schwarzbären, der nur ganz kurz im Busch gesichtet worden war, haben sie nichts Jagdbares beobachten können.

Nach kurzer Diskussion wird der Jagdplan für morgen festgelegt. Wenn keine Niederschläge fallen und nur geringer Wind weht, wollen wir alle gemeinsam in die hochgelegene Cariboureion reiten.

Am nächsten Morgen frühstücken wir noch bei Dunkelheit. Es ist kalt geworden, und die Pferde haben sich über Nacht ganz in der Nähe unseres Zeltes aufgehalten.

Im Morgengrauen reiten wir, U. und Philip, dicht gefolgt von Mark und mir, durch ein weites buschbewachsenes Tal in Richtung Norden. Der Boden ist gefroren, und einzelne Sterne stehen noch am Himmel, kein Lüftchen weht. Hinter einer Waldgruppe, die mit Hemlocktannen, Erlen und Birken bestockt ist, erreichen wir zügig die Baumgrenze.

Um die Pferde nicht zu überanstrengen, sitzen wir ab, und mit fliegendem Puls und bleischweren Beinen steigen wir über eine Bergflanke bis zu einem Grat hoch. Natürlich kommt mir bei dieser Schinderei der Gedanke, ob es vernünftig ist, in über zweitausendsechshundert Metern über dem Meeresspiegel Herz und Kreislauf so zu strapazieren, daß eventuell erhebliche Schäden auftreten. Beweist man wirklich, daß man ein ganzer Kerl ist, wenn man als bergungewohnter Flachlandjäger mit über fünfzig Jahren sich derartige alpine Gewaltmärsche zumutet? Können einem die Kameraden helfen, wenn man hier im Hochgebirge einen Kollaps erleidet?

Doch der Beutetrieb beseitigt alle diese Fragen und Bedenken, die mich nur ganz kurz beschäftigen. Nach über dreißig Jahren im Truppendienst und als ehemals recht brauchbarer Langstreckenläufer und Schwimmer weiß ich natürlich, daß der Körper noch eine Menge Reserven hat, auch wenn der Verstand schon die Bremsen anzieht.

Endlich haben wir den Gipfel des Gebirgskammes erreicht und leuchten die weiten Hänge und Täler ab. Die erschöpften Pferde lassen wir in einer etwas windgeschützten Mulde stehen.

Meine Bedenken, die so stark erhitzten Tiere könnten in dem eisigen Wind eine Kolik bekommen, erweisen sich als unbegründet. Menschen und Tiere sind hier härter und widerstandsfähiger.

Unterdessen ist es elf Uhr geworden, und Philip deutet mit seinen Armen nach Osten, wo schneebedeckte Gebirgszüge die Landschaft beherrschen. Nach langem Suchen können wir mit dem Spektiv etwa ein Dutzend Caribous auf einem Kamm stehen sehen. Wie Ameisen in einem Haufen erscheinen diese starken Tiere bei dieser Distanz. Philip schätzt die Entfernung auf mindestens sechs bis sieben Kilometer. Deshalb entschließen wir uns, das Wild anzureiten.

Das klingt natürlich sehr schön, doch in der Praxis sind mehrere querliegende Täler und Höhenzüge mit erheblichen Steigungen zu überwinden.

Nach über vier Stunden härtester Steigerei über Firnfelder und Geröllhalden erreichen wir die Ostseite einer Felswand. Wir sind völlig ausgepumpt und sehen keine Caribous. „Was soll diese elende Schinderei? Wir haben doch keine Chance, an das Wild heranzukommen. Sicherlich ist das Rudel in entgegengesetzter Richtung weitergezogen. Wieso soll ich mir hier die Knochen brechen?"

Doch Philip bleibt hart und reagiert nicht auf meine Bedenken. Nach einer weiteren Stunde erreichen wir gewelltes Gelände, das teilweise sogar mit Preiselbeeren bedeckt ist. Endlich eine kurze Rast, denn Jäger und Pferde müssen sich unbedingt erholen.

Obwohl wir kaum gegessen haben, plagt uns kein Hunger, sondern nur Durst. Selbst die Zigarette schmeckt nicht mehr. Jetzt heißt es nur nicht schlapp zu machen, denn vielleicht können wir hinter dem nächsten Bergrücken auf Wild stoßen. Diana hilf!

Und wieder geht es, die Pferde am langen Zügel führend, einen flachen Bergrücken hoch. Etwa dreihundert Meter vor dem Kamm leuchten wir nochmals das Gelände ab.

Was zieht dort oben so plötzlich über den Bergrücken? Glas hoch, und mit zitternden Händen erkenne ich ein Caribourudel. Es sind etwa ein Dutzend Stücke, darunter zwei starke Hirsche. Ein herrlicher Anblick!

Die Nachmittagssonne beleuchtet das oben stehende Wild, das sich in breiter Front klar gegen den Himmel abzeichnet. Die weißgrauen Decken und die stark verästelten Geweihe sind ein Bild von Kraft und Urwüchsigkeit. Offenbar ist das Rudel ebenso überrascht auf uns gestoßen, wie wir auf das Wild. Deshalb verhofft das Wild augenblicklich.

Sofort gehen wir Jäger liegend in Anschlag. Wie verabredet schießt U. zuerst auf den stärksten Hirsch, der eindeutig zeichnet. Unmittelbar nach dem Schuß dreht das Rudel ab und flüchtet schräg an uns vorbei in Richtung Tal.

Heiliger Hubertus hilf, daß ich noch zu Schuß komme, bevor das Rudel im Tal verschwindet. Schnell gehe ich an einem Felsbrocken in Anschlag und hoffe, daß das Rudel in Schußentfernung nochmals verhofft.

Und siehe da, Hubertus hilft!

Auf etwa zweihundertfünfzig Schritt schwenkt das Rudel kurz ein, so daß es mit der Front zu mir steht. Trotz fliegendem Puls komme ich auf den zweitstärksten Hirsch des Rudels halbschräg von vorn am Träger ab.

Im Knall hebt es den Hirsch mit der Vorderhand hoch. Nach kurzer Rechtsdrehung bricht er zusammen, ohne noch einen Lauf zu rühren. Das bewährte KS-Geschoß vom Kaliber 8 x 68 S ist halbspitz von vorn am Träger in den Wildkörper eingedrungen und hat wohl schlagartig das Nervensystem blockiert.

Ein Seitenblick auf U. zeigt mir, daß dieser seinen sehr starken Hirsch ebenfalls gestreckt hat.

Natürlich ist die Freude über die Erlegung in letzter Sekunde groß. Dazu kommt, daß die gute Trophäe mich sehr beeindruckt und zufriedenstellt. Außerdem bin ich sehr froh, daß die Kugel bei dieser weiten Entfernung sauber auf dem Träger sitzt und tödlich gewirkt hat. Glücklich und dankbar halten Mark und ich dem Braven die Totenwacht. Vergessen sind die Strapazen des Tages, nur das Waidmannsheil beherrscht Herz und Seele.

Nachdem der Hirsch versorgt worden ist und die einzelnen Teile mit Decke zerlegt sind, erlauben wir uns eine Pause in der späten Herbstsonne. Ein guter und starker Caribouhirsch ist von mir nach Tagen anstrengendster Jagd ehrlich erbeutet worden. Diese Trophäe wird mich ein Leben lang an ein Kapitel urtümlicher Jagd und an den Yukon erinnern.

Philip ist unterdessen zum Camp geritten, um noch vier Packpferde für den Abtransport des Wildbrets zu holen. Die erhebliche Strecke zu unserem Lager und der anschließende Hin- und Rückmarsch fordern vom Indianer höchste Anstrengung.

Auf keinen Fall darf das Wildbret über Nacht hier liegenbleiben, denn Bären und Wölfe könnten es anschneiden.

Weit nach Mitternacht erreichen wir hundemüde und abgekämpft unser Lager. Ohne zu essen und zu trinken, kriechen wir erschöpft in unsere Schlafsäcke. Erst die Sonne und das Krächzen des Hähers wecken uns am nächsten Morgen.

Heute ist Ruhetag, denn nicht nur wir Jäger und Reiter, sondern auch unsere Pferde müssen sich von den gestrigen Strapazen erholen. Außerdem wollen unsere Jagdführer das Wildbret so zerlegen, daß es für unseren Rückmarsch zum Camp an den Loon Lakes auf die Packsättel paßt.

Wir Jäger kümmern uns in dieser Pause um unsere Trophäen. Die Sonne meint es gut mit uns. Vor dem Zelt sitze ich auf einem Holzklotz und schärfe die Decke vom Schädel meines Caribous. Außerdem wird der Unterkiefer abgetrennt. Damit der

Schädel später nicht bräunlich wird, lege ich das Geweih in den vorbeifließenden Erlenbach, um die Wildbretteile zu wässern. Dieses Verfahren soll außerdem das spätere Abkochen auf dem heimischen Herd erheblich erleichtern.

Unterdessen ist es Mittag geworden, und Philip verwöhnt uns mit Schweinebraten, Bratkartoffeln und Möhren. Als Nachtisch gibt es Preiselbeeren mit Birnen. Ein herrliches Mahl im kanadischen Busch. Glücklich, faul und zufrieden strecken wir nach dem Essen unsere Beine aus. Bevor jedoch unsere Mittagspause beginnt, werden unsere treuen vierbeinigen Kameraden mit Hafer versorgt.

Am nächsten Morgen reiten wir Jäger wieder getrennt, denn Meister Petz steht noch auf unserem Programm. Mark will mit mir in die Blaubeerenberge, denn bei diesem herrlichen Wetter und dem Sonnenschein können wir vor allem mit Schwarzbären in den fruchtbaren Waldhängen rechnen. Wir reiten durch ein weites Waldtal, das mit Weiß- und Hemlocktannen bestanden ist. An den Hängen leuchten Matten von Preiselbeeren und Blaubeeren in roten Farben. Ohne große Anstrengung erreichen wir einen höhergelegenen Bergsattel und können die Beerenberge gut einsehen. Im Windschatten und bei Sonnenschein richten wir uns unseren Beobachtungsposten bequem ein. Hier läßt es sich ein paar Stunden gut aushalten.

Nach dem Mittagessen werden Mark und ich müde, und gegen vierzehn Uhr erwischen wir einander beim ausgedehnten Verdauungsschlaf. Die Bergluft hat sich auf unsere Müdigkeit ausgewirkt.

Im Traum habe ich einen starken Grizzly gesehen, der in unmittelbarer Nähe mit seinen Zähnen fletschte, um mich anzunehmen. Doch beim Aufwachen stelle ich beruhigt fest, daß mein braver Tim neben mir Birkenäste verbeißt und dabei mahlende Geräusche macht.

Wir leuchten kurz die gegenüberliegenden Hänge ab, doch nichts Jagdbares ist zu erkennen. Deshalb nehmen wir die Pferde am langen Zügel und pirschen abgesessen weiter. Obwohl wir immer wieder Beobachtungshalte einlegen und mein guter Mark jetzt auch die Windrichtung bei jeder Pirsch beachtet, haben wir keinen Anblick.

Fielen da nicht Schüsse, oder haben wir uns getäuscht? Noch bei gutem Büchsenlicht reiten wir in Richtung Lager zurück. Nicht jeder Jagdtag ist eben ein Fangtag!

Mindestens fünfzig Schritt vor dem Erlenbach, an dem unser Zelt steht, wirft mein Dunkelfuchs plötzlich auf, schnaubt sehr erregt und zittert am ganzen Leibe. Er will einfach nicht über den Bach zum Lager. Wir sehen Rauch aus dem Ofenrohr qualmen, doch unsere Mitstreiter sind am Zelt nicht zu erkennen. Allmählich ärgert mich das eigenartige Verhalten meines Tieres, denn Marks Rappstute ist völlig ruhig. Nur ihre Ohren spielen sehr intensiv, ein Zeichen höchster Aufmerksamkeit also. Mit Schenkeldruck zwinge ich Tim zum Durchwaten des Erlenbachs.

Was liegt denn dort auf dem Sattelplatz? Philip schlägt mit gekonnten Schnitten einen mittleren Schwarzbären aus der Decke und U. hilft ihm dabei. Deshalb also war mein braver Fuchs so aufgeregt und störrisch. Er hatte schon ziemlich weit die Bärenwittrung in der Nase. Ich wünsche U., der sich über den Jagderfolg sehr freut, herzlich ein kräftiges Waidmannsheil. Auch Philip ist über die Erlegung stolz, denn es war gar nicht so leicht, den Schwarzen anzupirschen.

Bei herrlichem Sonnenschein brechen wir am nächsten Morgen auf. Mich hat das Bärenfieber gepackt. Mark hat natürlich auch den Ehrgeiz, mich erfolgreich auf einen Bären zu führen. Doch bei der Jagd kann man, Gott sei Dank, nichts erzwingen. Abgekämpft und enttäuscht kommen wir am späten Abend zum Lager zurück, ohne Wild gesehen zu haben.

Philip, der bei unserem gesamten Unternehmen die Befehlsgewalt hat, ist schon etwas verärgert, weil wir so spät zurückgekommen sind. Denn morgen früh soll der Rückmarsch zu den Loon Lakes angetreten werden. Deshalb müssen heute noch Kisten und Kasten mit unserem Hausrat sowie das Wildbret verpackt werden. Morgen müssen noch bei Dunkelheit die Pferde sorgfältig bepackt werden, damit wir beim Heimritt keine Lasten verlieren. Bis spät in die Nacht packen unsere tüchtigen Jagdführer alles ein, bis auf unser Zelt, die Schlafsäcke und etwas Marschverpflegung.

Beim ersten Sonnenlicht brechen wir am nächsten Morgen auf, denn wir haben noch einen langen und anstrengenden Ritt vor uns. Die Reihenfolge ist gleich wie auf dem Hinmarsch. Bis Mittag haben wir schon einige Höhenzüge und Moore, auf teilweise halsbrecherische Art, überwunden. Am meisten tun mir die Packpferde leid, die mit ihren schweren und sperrigen Lasten unglaublich viel leisten müssen.

An einem Hochmoor machen wir eine kurze Mittagspause. Philip erklärt Mark und mir, daß er noch mit U. in einem Seitental auf Elch jagen will. Das bedeutet für Mark und mich, daß wir mit der Kolonne in dem schwierigen Gelände allein fertig werden müssen. Sehr erfreut bin ich über diese Aussicht nicht, denn Lasten können sehr schnell verloren gehen, oder Pferde versinken im Moor. Andererseits habe ich natürlich Verständnis dafür, daß U. noch gern einen Schaufler strecken möchte.

Nach einigen kritischen Situationen wie zum Beispiel dem Abstürzen eines Packpferdes an einer Moorkante und dem Abreißen der Zeltausrüstung in einer Erlendickung, kommen wir spät abends einigermaßen heil im Hauptlager an. Hier erfahren wir erfreuliche Jagdmeldungen.

E. G. hat nach einer anstrengenden Pirsch einen starken Grizzly am Luder seines Elches geschossen. J., der unermüdliche Jäger, hat nach einem langen und harten Einsatz einen guten Caribouhirsch erlegt.

Hundemüde kriechen wir nach einem guten Abendessen, das uns Luan zubereitet hat, in unsere Schlafsäcke, denn morgen früh wollen Mark und ich zu meinem Elchluder.

Vielleicht haben Bären und Wölfe die Überreste meines Schauflers angenommen. Dann kommt es darauf an, daß wir einen geeigneten Platz für den Ansitz finden.

Weit nach Mitternacht poltert es in unserem Zelt. U. stolpert halb erfroren und ziemlich erschöpft in unsere Behausung. Er hat nach anstrengender Pirsch bei letztem Büchsenlicht einen guten Schaufler geschossen und ist natürlich sehr glücklich. Unser gemurmeltes Waidmannsheil nimmt er kaum wahr, und schon liegt er wie tot in seinem Lager. Der Körper fordert eben sein Recht.

Am nächsten Morgen – über Nacht hat es etwas geschneit – reiten Mark und ich zu den mit Arktisbirken bestandenen Bergen. Die Sonnenstrahlen tauen die dünne Schneeschicht schnell weg. Zügig erreichen wir gegen Mittag das Plateau, auf dem ich meinen Elch schoß.

Mit ein paar Griffen werden die Pferde unter Wind an starke Birkenäste gebunden. Langsam pirschen Mark und ich durch den mannshohen Birken- und Erlenbusch in Richtung Elchluder. Trotz größter Vorsicht knacken trockene Äste, denn wir müssen durch dichten Busch. Mark hat sich den Luderplatz gut gemerkt. Mit der Axt hat er in Kopfhöhe die Rinde einer Weißtanne geschält, so daß sie gut sichtbar ist.

Ohne Zielfernrohr und mit entsicherter Waffe nähern wir uns vorsichtig der Aufbruchstelle. Mein sonst so gelassen und ruhig wirkender Führer erscheint erregt und gespannt. Da er selbst keine Waffe führt, weist er mich von hinten in die Zielrichtung ein. Auch der Abstand zu mir vergrößert sich.

Endlich stehen wir am Anschuß zwischen den Hemlocktannen. Der Boden ist mit etwas Panseninhalt und kleinen Knochenstücken bedeckt. Sonst ist alles sorgfältig aufgeräumt. Wir suchen vorsichtig die nähere Umgebung ab. Doch außer ein paar blanken Knochen und kleinen Deckenfetzen ist von meinem Urwaldriesen nichts übrig geblieben. Ein paar alte Wolfsfährten zeigen, daß die Familie Isegrim hier Nachlese gehalten hat. Weder Losung noch Fährten deuten darauf hin, daß Meister Petz zu Besuch dagewesen war.

Ein Blick ins Gelände sagt uns, daß wir in diesem dichten Birkenbusch keinen geeigneten Ansitzplatz finden würden. Der Luderplatz liegt mitten im verfilzten Busch, so daß man ihn in Schußentfernung nicht einsehen kann. Dazu müßte schon ein Hochsitz gebaut werden, und das wäre hier utopisch.

Mark macht heute ausnahmsweise ein Feuer, um den Kaffee aufzuwärmen; er wird auch sehr gesprächig. „Weißt du, es war sicher ganz gut, daß kein Bär das Luder verteidigt hat. Denn in dem Dickicht kann man nur auf kürzeste Entfernung schießen. Wenn dann die Kugel nicht sofort tödlich wirkt, kann es dem

Jäger sehr schlecht ergehen. Deine Waffe ist sicher für weite Entfernungen sehr gut, doch hier im Busch ist eine Automatik mit großem Kaliber am besten!"

Etwas nachdenklich geworden stelle ich mir überaus plastisch den Angriff eines Bären auf Nahkampfentfernung vor – einen Angriff mit ungewissem Ausgang. Doch Glück muß der Jäger haben.

Auf dem Heimritt sehen wir auf gut siebenhundert Schritt einen starken Schaufler mit fast schwarzer Decke, der wohl bisher im Dickicht gesessen hatte. Obwohl ich keinen Elch mehr erlegen darf, holt Mark seinen Elchruf aus Birkenrinde aus der Satteltasche und röhrt leise „Oha, Oha." Ruckartig wirft der Recke auf und zieht bedächtig in unsere Richtung. Immer wieder verhofft er, um Wittrung zu nehmen, doch wir sitzen günstig unter Wind.

Ein herrliches Bild, wie dieser dunkle Urwaldriese sich mit greifendem Schritt durch den braungelben Busch vorarbeitet. Auf knapp dreihundert Schritt verhofft er und flämt. Offenbar in großer Erregung wirft er das Haupt empor und bewegt es langsam hin und her. Es ist Hochbrunft, und der Schaufler erwartet eine Elchkuh.

Meine Erinnerung führt mich zurück in meine ostpreußische Heimat, wo ich vor über fünfunddreißig Jahren auf der Kurischen Nehrung meinen ersten Elch geschossen hatte. Ein verlorenes Paradies zieht an meinem geistigen Auge vorbei. Mark fühlt offenbar, daß ich mich von diesem Anblick nicht lösen kann und stört mich nicht.

Abends erzähle ich ihm von der Elchjagd in Ostpreußen und von Jagdgebräuchen in Deutschland. Er ist sehr erstaunt darüber, denn in Kanada jagt der Einheimische nur, um das Wildbret zu erbeuten. Die Trophäe ist dabei meistens unwichtig.

Auf dem Heimritt zum Camp müssen wir wieder durch dichte Hemlocktannen. Der Elchwechsel, den wir benützen, ist so winkelig und eng, daß meine Knie wieder schrecklich geschunden werden.

Offenbar in Gedanken versunken, habe ich nicht sofort bemerkt, daß mein Tim plötzlich einen schwachen Tannenstamm, der sich zwischen seiner rechten Schulter und dem Gewehrfutteral eingeklemmt hat, abbrechen will.

Mein harter Griff in die Zügel kommt zu spät. Mit einem Ruck bricht das Stämmchen, und wir sind wieder frei. Hoffentlich hat der Repetierer nichts abbekommen!

Unterdessen setzt Nieselregen ein, und wir erreichen bei letztem Büchsenlicht ohne weitere Hindernisse das Lager. Beim Absatteln ziehe ich meine bewährte Steyr-Mannlicher aus dem Futteral. Verdammt noch mal, der Kolbenhals ist angebrochen!

Sofort gehe ich in Anschlag, um die Funktionsfähigkeit zu überprüfen. Und siehe da, der Kolben hält, wenn ich ihn nicht stark belaste. Hoffentlich hat das Zielfernrohr nichts abbekommen.

Im Lager treffe ich meine Kameraden. Nur J. ist noch mit seinem Jagdführer unterwegs, er hat noch immer keinen Elch gestreckt.

Beim Abendessen diskutieren wir angeregt darüber, ob wir planmäßig am übernächsten Tag mit dem Buschflugzeug abgeholt werden können. Der Frost der letzten Tage hat eine dünne Eisschicht auf dem See entstehen lassen, und die Sturmböen mit Schneegemisch sind für einen Flug nicht ungefährlich.

Am nächsten Morgen – es ist der letzte Jagdtag vor unserem Abflug – ist es kalt und windig. Gleich nach dem Frühstück suche ich mir hinter dem Lager einen Platz, um meine Waffe zu überprüfen. Erfreut stelle ich fest, daß alle drei Schüsse in unmittelbarer Nähe des Zieles liegen. Die Wertarbeit deutscher wie österreichischer Herkunft hat sich bewährt.

Mittags kommt J. überglücklich ins Lager. Er hat nur etwa zwei Kilometer vom Camp entfernt einen sehr starken Schaufler mit einer ausgeprägten Vorschaufel geschossen.

Sehr herzlich wünsche ich J. Waidmannsheil. Er hat mit großer Passion und hartem Einsatz sein Ziel, das er so beharrlich angestrebt hat, erreicht. Diana hat ihn in letzter Minute – wohlverdient – geküßt. Ich freue mich mit ihm über seinen Erfolg.

Den Nachmittag verbringe ich damit, meine Ausrüstung zu packen. Dabei blicke ich etwas nachdenklich auf den See, der trotz des Windes eine dünne Eisschicht trägt.

Bei diesem Wetter fliegt in Europa keine einmotorige Maschine. Um die Zeit zu nützen und um mich persönlich von dem herrlichen See zu verabschieden, bummle ich, mit dem Drilling von U. auf dem Rücken, um den Loon Lake.

Bunte Enten, die ich leider nicht kenne, schwimmen in Ufernähe. Es wäre eine Kleinigkeit, sie zu schießen. Doch ohne Hund oder Boot könnte ich das Wild nicht bergen. Also bleibt der Finger gerade.

An einem kleinen und wildromantischen Bach finde ich eine starke Elchschaufel. Durch Schnee und Regen ist sie fast weiß gebleicht. Nur schade, daß sie von den Stachelschweinen so verbissen ist.

Während des Abendessens ruft uns der Jagdausrüster per Funk an. Er teilt Philip mit, daß es sehr ungewiß sei, ob wir morgen mit dem Buschflugzeug nach Whitehorse abgeholt würden. In etwas gedrückter Stimmung gehen wir in unseren Salon. Je nach Temperament und nervlicher Verfassung stellt sich jeder in Gedanken vor, was geschehen könnte, wenn wir morgen nicht abgeholt werden. Dann heißt es warten, bis die dünne Eisschicht sich löst und die Maschine wassern kann. Oder wir müssen längere Zeit warten, bis der Frost das Eis so stark macht, daß das kleine Flugzeug auf dem festen Eis landen kann. Beide Möglichkeiten könnten Wochen dauern, bis wir aus dieser Gefangenschaft befreit werden. Da wir alle, bis auf unseren Stubenältesten E. G., noch eine kleine berufliche Nebenbeschäftigung in Deutschland haben, vergrößern sich unsere Sorgen.

Am nächsten Morgen – es schneit immer noch – reißt die Funkverbindung nach Whitehorse ab. Deshalb besteht weiterhin Ungewißheit, ob die Maschine heute noch eintreffen wird.

Nach dem Mittagessen, unserer Henkersmahlzeit bei Luan, gehen wir mit unserem Gepäck und den Trophäen zum Landeplatz an den Nachbarsee. Es hat aufgehört zu schneien, und auch der Wind hat sich etwas gelegt.

Unsere Hoffnung steigt.

Unsere Jagdführer haben am Ufer ein Feuer entfacht und die

Stimmung der Kanadier ist gut. Der Jagderfolg ist zufriedenstellend und die Kasse scheint auch zu stimmen.

Spät am Nachmittag hören wir von fern leises Motorengeräusch. Hoffnung kommt auf. Wir Jäger recken die Hälse, um eventuell die Maschine zu erkennen. Doch nach Minuten verstummt das Geräusch. Und plötzlich schwebt doch eine kleine Maschine über dem See. Wie ein Blitz aus heiterem Himmel schwimmt sie schnell auf unseren Landeplatz zu. Mit einem Schlag hat sich die angespannte Atmosphäre gelöst. Wie Jungen, die gerade Ferien bekommen haben, schreit alles durcheinander.

Aus der Maschine klettern vier Amerikaner, die alle eine Figur wie Max Schmeling haben. Angeblich wollen sie mit Pfeil und Bogen auf Elch, Bär und Caribou jagen. Doch vom Piloten hören wir, daß jeder noch zusätzlich ein Gewehr bei sich hat, natürlich getarnt. Andere Länder, andere Sitten!

Wir verabschieden uns herzlich von unseren Jagdführern, die alle tüchtig waren und erfolgreich geführt haben.

Nach einem etwas turbulenten Flug landen wir in Whitehorse, froh, endlich hier zu sein. Die ziemlich mollige Chefin unseres kleinen Hotels begrüßt uns freundlich. Hier, am Rande der Zivilisation, können wir uns wieder gründlich waschen und säubern.

Auf dem Rückflug von Whitehorse nach Vancouver sehen wir nochmals die Felsenmassive der Rocky Mountains in majestätischer Pracht. Ich nehme Abschied von einer grandiosen Bergwelt, die mir jagdlich einen guten Elchschaufler und einen braven Caribouhirsch geschenkt hat. Dieses wunderbare Land wird mir in seiner herben Schönheit unvergeßlich bleiben.

Im Geiste lege ich die Hand an meine Jagdmütze.

Schwierige Verhandlungen über den Transport unserer Trophäen erwarten uns in Vancouver. Doch J. löst mit viel Einsatz und Umsicht dieses Problem.

Glücklich und zufrieden winke ich meiner Frau und meinem Ältesten an der Frankfurter Zollsperre zu; beide nehmen mich dort in Empfang.

Auf Hartebeest bei Aranos

Schon während der Fahrt durch das Revier des deutschen Farmers H. sehen wir Giraffen, Kudus, Oryx, Impalas und Springböcke. Es ist erstaunlich, wie viele Wildarten auf dieser 20.000 Hektar großen Farm vertreten sind.

Wenn uns nicht die vielen Hunde aus dem Farmhaus entgegenkämen, müßte man annehmen, daß die Farm ausgestorben sei. Doch das Farmerehepaar ruht am frühen Nachmittag – bei dreißig Grad Hitze natürlich im Schatten.

„Mitten im Schlaf müssen uns diese verrückten Jäger hier stören“, brummt Farmer H. und begrüßt uns dann recht freundlich. Seinem Tonfall nach zu urteilen, ist er ein typischer Norddeutscher.

„Ja, ich stamme aus der Wesermarsch und bin vor zwanzig Jahren nach Südwestafrika ausgewandert. Zuerst war ich Farmverwalter, dann Pächter, und jetzt bin ich Eigentümer in diesem herrlichen Land!“ Mit viel Fleiß und Umsicht hat das Ehepaar diese Farm erworben.

H. will die ursprüngliche Rinderfarm zu einer vielseitigen Jagdfarm ausbauen, die anspruchsvollen Jagdgästen ein „jagdliches Dorado“ bieten soll.

Giraffen, Impalas und Springböcke sind hier ursprünglich nicht Standwild, sondern wurden in den letzten Jahren aus Südafrika importiert. Ein hoher, starker Wildzaun soll das importierte Wild an einen bestimmten Revierteil gewöhnen, ehe es sich völlig frei bewegen kann. H. glaubt, daß er in sechs bis acht Jahren den Bestand so weit aufgebaut hat, daß er ihn dann vorsichtig bejagen kann.

Beim Kaffee will H. von uns deutschen Jägern, die ja von „drüben“ kommen, viel über die politische und wirtschaftliche

Lage in unserer Heimat wissen. Es ist schon merkwürdig, wenn die Südwester ihre ehemalige Heimat Deutschland als drüben bezeichnen. Das Wort Deutschland gebrauchen sie kaum.

Als H. erfährt, daß ich pensionierter Offizier der Bundeswehr bin, versucht er, mich über die Vor- und Nachteile der atomaren Abrüstung auszuquetschen. Ich habe eine Menge Fragen zu beantworten und bin erstaunt, wie gut unsere Landsleute hier im afrikanischen Busch informiert sind.

Unser Jagdführer drängt zum Aufbruch ins Revier, doch Farmer H. winkt ab. „Wenn wir um siebzehn Uhr hier abfahren, ist es früh genug. Dann ist das Wild auf den Läufen zu den Tümpeln und Wasserlöchern!"

Gegen 16.30 Uhr wird aufgebrochen. H. dirigiert von der Ladefläche unseren LKW. Die niedrigen, nur vereinzelt stehenden Schwarzdornsilberbüsche haben silbriggraue Blätter und bis zu vier Zentimeter lange Sproßdornen. Sonst ist der trockene rotbraune Boden zu dieser Jahreszeit fast unbewachsen. Lediglich an den Rändern der trockenen Flußläufe und Tümpel wachsen schirmförmige Kameldornbäume sowie Kudubüsche und Hakendornakazien in kleinen Dickungen.

Einige Kilometer hinter der Farm biegen wir nach Westen ab. Durch niedrigen Busch schlängeln wir uns an trockenen Bächen entlang bis zu einem Flußtal. H. deutet nach rechts, wo auf gut sechshundert Schritt ein schwaches Rudel Hartebeest steht. Diese Kuhantilopen mit ihren langen und schmalen Köpfen haben eine Schulterhöhe bis zu hundertdreißig Zentimeter und ein Gewicht bis zu hundertachtzig Kilo. Ihre schönen rostbraunen Decken sind an der Bauchseite gelblich. Auffallend ist der helle Spiegel um die Schwanzwurzel. Kuhantilopen schöpfen möglichst täglich, doch sie können auch wochenlang ohne Wasser auskommen.

Nur kurz können wir uns dieses interessante Wild anschauen, denn es flüchtet im seltsamen Stechtrab in dichteres Gebüsch.

Am Rande eines trockenen Flußtales, hier Rivier genannt, flüchten zwei Warzenschweine mit hochgestelltem Pürzel über eine Sandfläche, daß es nur so staubt.

Nun machen wir einen Bogen zur Landstraße und kommen so an die Reviergrenze. Hier heißt es Gewehre entladen, Schlösser entnehmen und Waffen unter der Zeltbahn verschwinden lassen!

K. erklärt uns diese Maßnahme: „Wir müssen durch das Revier eines Nachbarn, der leider sehr mißtrauisch ist. Deshalb dürfen keine Waffen sichtbar sein, wenn ein Anlieger sein Gelände überquert!"

Nach einer halben Stunde haben wir das Fremdgebiet überquert. Das Gelände ist hier viel stärker mit Kudubusch, Kerzenakazie und Kameldornbäumen bestanden. Hier müssen wir sehr aufpassen, denn bei diesem Bewuchs können wir mit dem Wild auf kurze Entfernung zusammenstoßen. Ganz vorsichtig jongliert St. den Wagen in ein ausgedehntes Rivier, das von dichtem Busch gesäumt wird. Beim Halt sichtet der Farmer zwei einzelne starke Hartebeest, die am Böschungsrand verhoffen und äsen. Mit dem LKW kommen wir nicht ungesehen und still heran.

Farmer H. verständigt sich mit unserem Jagdführer. Beide sind der Auffassung, daß nur eine Pirsch zu Fuß erfolgversprechend sein könnte. H. sitzt ab und winkt mir zu. Vorsichtig, den Wind zunächst prüfend, pirschen wir unter Ausnutzung der Deckung am Ostrand des Rivieres in Richtung Wild.

Zunächst geht es recht zügig, doch dann stechen die verschiedenen Dornbüsche und haken sich an unserer Kleidung und an den Händen fest.

Verflixt, das ist noch einmal gutgegangen! Ein Dornenast federte zurück und schlug mir mitten ins Gesicht. Instinktiv habe ich die Augen geschlossen, so wurde mir nur die Gesichtshaut aufgerissen.

Meiner Schätzung nach müssen wir uns schon auf Schußentfernung herangearbeitet haben. Doch noch immer ist kein Wild zu sichten. Die Hitze macht mir bei diesem Vorarbeiten allmählich zu schaffen. Der Durst quält mich am meisten, aber es hilft nichts. Wir müssen weiter durch das Dornendickicht. Vor uns wird der Busch etwas lichter. Offensichtlich haben wir den Dickungsrand erreicht. Damit die Waffe keinen Schaden nimmt, habe ich sie quer in beide Hände genommen und krieche nach Infanteristenart in eine Stellung am Rand einer Rosenakazie.

H. sieht zuerst das ersehnte Wild, das mit hohem Haupt verhofft. Gerade als er mich einweisen will, ziehen beide Bullen in den Dickbusch und sind verschwunden!

Völlig verschwitzt und verdreckt kehren wir zu unserem Wagen zurück. Meine Mitstreiter warten schon ungeduldig auf uns, denn die Zeit drängt, und sie wollen auch noch zu Schuß kommen.

Während der weiteren Pirschfahrt kann K. auf kurze Entfernung einem Hartebeest die Kugel antragen. Das beschossene Stück bricht nach dem Schuß mit der Hinterhand zusammen. Krampfhaft versucht es, auf die Vorderläufe zu kommen. Sofort wird der Schütze abgesetzt, um dem Kranken den Fangschuß zu geben.

Wir fahren weiter, und H. erkennt auf sechshundert Schritt ein weiteres Rudel Hartebeest. Schnell durchfahren wir eine buschbestandene Mulde. Mit der Sonne im Rücken nützen wir einen Buschgürtel aus, um so einigermaßen gedeckt an das Wild heranzukommen. W. nimmt vorbeugend am Dach des Führerhauses Platz, denn jeden Augenblick können wir auf das Rudel stoßen. Plötzlich springt halbrechts von uns auf gut hundert Schritt ein einzelnes Hartebeest ab. Bevor es auf die freie Fläche flüchtet, verhofft es.

St. hält sofort, und W. schießt sehr schnell. Im Feuer bricht das Stück zusammen. Doch sofort versucht es, auf die Läufe zu kommen. Mit der Vorderhand knickt es wieder ein und verendet.

Wir fahren weiter, denn die Sonne steht schon recht tief. Wenn ich noch zu Schuß kommen soll, muß das in den nächsten fünfzehn Minuten klappen. Natürlich ist das vorher gesichtete Rudel schon längst geflüchtet.

Nach einer großen Schleife kommen wir an den Rand eines trockenen Rivieres, das von höheren Büschen und Bäumen bestanden ist. Immer wieder legen wir Beobachtungshalte ein.

Das Wild ist offensichtlich durch die Schüsse so vorsichtig geworden, daß es recht lange in Deckung verbleibt, bevor es zu den Wasserstellen zieht.

Mit dem Stoßgebet „Diana hilf“ leuchte ich immer wieder die Buschränder ab. Und siehe da: Als wir gerade zu einem Wasserloch abbiegen wollen, hält St. den Wagen. Aufgeregt deutet er nach rechts, wo unter einem schirmartigen Kameldorn ein einzelnes Hartebeest verhofft. Knapp zweihundertfünfzig Schritt entfernt steht der Bulle und äugt zu uns. Spitz von vorn ein verdammt kleines Ziel!

Doch es bleibt keine Zeit, um unsere Position zu verbessern. Entweder springt das Wild ab oder das Büchsenlicht reicht nicht mehr aus, um sauber zu schießen.

Schnell gehe ich auf dem Führerhaus in Anschlag. Der Zielstachel kreist etwas um den Trägeransatz. Verflixt, der Stich ist doch sehr schmal. Nochmals hörbar ausgeatmet und als der Zielstachel mitten auf den Stich zeigt, bricht der Schuß.

Wie vom Blitz getroffen bricht der Beschossene im Knall zusammen. Sofort durchgeladen, in Anschlag gegangen und scharf beobachtet!

Da sich etwa zwei Minuten lang nichts rührt, fährt St. schnell in Richtung Beute. Hoffentlich ist der Beschossene verendet! Trotz des Halbdunkels finden wir den Braven recht schnell. Die Schußentfernung schätze ich auf knapp dreihundert Schritt. Offensichtlich hat die Beleuchtung das Wild näher erscheinen lassen. Glücklich stehe ich vor dem starken und alten Hartebeestbullen. Mit seinem geriffelten und geknickten Gehörn macht er einen urigen Eindruck. Mit Schwung wird der etwa vier Zentner schwere Wildkörper auf die hohe Ladefläche gehievt.

Unterdessen ist es völlig dunkel geworden. Wo finden wir die beiden Nimrode mit ihrer Beute? Durch Rufe und Schüsse machen sich die Kameraden bemerkbar, und in zwanzig Minuten haben wir beide Jäger gefunden, das Wild verladen und fahren in Richtung Farm.

Nach einem opulenten Abendessen verlassen wir gegen einundzwanzig Uhr das gastliche Haus. Wir wollen nach einer fünfstündigen Nachtfahrt Windhuk erreichen. Denn morgen früh geht es von Windhuk nach Westen zur Atlantikküste. Über Khomashochland – Gamsberg – Naukluft nach Walfischbai und Swakopmund wollen wir außerhalb der Jagd noch etwas für die Kultur tun.

Während sich meine Landsleute schon auf die Heimreise einstellen, freue ich mich auf die nächsten vierzehn Tage. Ich will noch auf Elenantilopen und Warzenschweine waidwerken. Außerdem werde ich meine ostpreußischen Landsleute in Otavi besuchen, um Land und Leute näher kennenzulernen.

Oryxjagd im Raum Gobabis

Noch bei Dunkelheit wird morgens geweckt, denn wir haben über fünfhundert Kilometer bis zum nächsten Revier nordöstlich von Gobabis zu fahren. Bei zwei Grad Frost geht es vor Sonnenaufgang in Richtung Norden. Den östlichen Rand des Namibwüstenparks Naukluft mit seinen Granitbergen können wir zwei Stunden später bei strahlendem Sonnenschein bewundern. Grandios leuchtet uns das braune Gestein entgegen. Hier in dieser Bergregion sind Bergzebras und Oryx zu Hause. Gegen Mittag erkennen wir schon von weitem die Farm D., die von hohen Zypressen und Palmen eingerahmt wird.

Plötzlich rumpelt es hinten links an unserem Geländewagen. Wir halten kurz und stellen eine Reifenpanne fest. Mit viel Geschick und Übung wechselt St. schnell den Reifen, der von Dornen zerstochen ist.

Freundlich werden wir von dem jungen Farmerehepaar K. begrüßt, das bereits in der dritten Generation diese Farm mit 15.000 Hektar als Rinderfarm, neuerdings auch als Jagdfarm bewirtschaftet.

Da W. und K. auch weiterhin vor allem jagen sollen, fahren sie nach kurzer Erfrischung mit unserem Jagdführer St. ins Revier.

Etwas später nimmt mich der Farmer, ein gelernter Geologe, mit seinem Wagen in den Busch mit. Wegen der langen Trockenheit ist das Futter so knapp geworden, daß er vorzeitig junge Ochsen verkaufen muß. Leider geschieht das mit Verlust, da die Viehhändler in Südafrika diese Notlage ausnützen und die Preise diktieren.

Bei unserer Reviererkundung machen wir an mehreren Wasserstellen halt, und Farmer K. bestimmt mit Hilfe seiner Schwarzen, welches Vieh verkauft werden soll.

Das meist ebene Farmgelände geht im Süden in Bergland über. Hier hat das Wild, größtenteils Oryx und geringe Rudel Hartebeest, im Busch der Hakendorn- und Rosendornakazie viel Deckung. K. läßt den Busch versuchsweise stark roden, damit das wichtige Gras besser wachsen kann.

Halt, was sind das für dunkle Gestalten, die in fünfhundert Meter Entfernung über den Grasstreifen laufen und dann durch den Zaun kriechen? „Das sind Paviane, die hier recht oft vorkommen und kaum Schäden verursachen“, erklärt mir K.

Nur langsam können wir die Grasspur entlang des Zaunes befahren, weil Erdferkel und Warzenschweine große Löcher in die Fahrbahn gewühlt haben. An einem Viehkral lassen wir den Toyota stehen und pirschen langsam und sehr vorsichtig nach Süden Richtung Bergland. Trotz dieser Stehpirsch kommen wir nicht auf Schußentfernung an die Oryx heran, obwohl wir mehrmals einzelne Bullen und schwache Rudel unerwartet abspringen sehen.

In diesem Dickbusch, wie die Südwester sagen, verhofft das Wild reglos und ungesehen in Deckung, um bei etwa zweihundert Schritt rasch zu flüchten.

Plötzlich flüchtet, kaum achtzig Schritt halblinks von uns, ein braunes, langhaariges Tier in der Größe eines mittleren Hundes in den Dickbusch.

„Schießen Sie, schießen Sie, auch wenn Sie nicht treffen“, ruft mir K. erregt zu. – „Das war eine brauen Hyäne, ein sehr scheues Nachttier, das als Einzelgänger vor allem Aasfresser ist. Doch ich traue diesem Raubwild nicht, sondern glaube, daß dieser Räuber auch junges Nutzwild reißt!“

Nur um dieses Raubwild zu erschrecken, habe ich natürlich nicht geschossen, denn es war aus dem Erdloch blitzschnell im Busch verschwunden.

Allmählich wird es dunkel; außer einem Dutzend Oryx und einzelnen Warzenschweinen haben wir nichts Jagdbares gesehen.

Bei Dunkelheit erreichen wir die erleuchtete Farm und werden von den Hunden jubelnd begrüßt. An der Garagenwand hängen zwei mittelstarke Oryx, die heute nachmittag von meinen Mitstreitern erbeutet worden waren. Waidmannsheil! Ein guter Anfang auf dieser Farm!

Natürlich wird sofort alles im Telegrammstil berichtet, und die Freude leuchtet aus den Augen der glücklichen Erleger. Nach dem Abendessen ist die Stimmung ausgezeichnet, denn ich erfahre, daß beide Jäger bei günstigen Entfernungen schnell reagierend sauber zu Schuß kamen und das Wild brav streckten. Das ist ein Grund, mehreren Flaschen Kapwein den Hals zu brechen.

Neben der Jagd dreht sich das Gespräch vor allem um die politische, wirtschaftliche und militärische Zukunft Südwestafrikas. Da wir aber am nächsten Morgen recht früh in den Busch wollen, wird um dreiundzwanzig Uhr Zapfenstreich geblasen, obwohl der Wein gerade jetzt so gut schmeckt.

Nach einem reichhaltigen Frühstück geht es am nächsten Tag noch vor den ersten Sonnenstrahlen ins Revier. Bei vier Grad Frost ist es auf der Ladefläche des LKW schrecklich kalt. Langsam fahren wir zunächst entlang der Viehzäune, die von Baumsträuchern der zwei bis drei Meter hohen Kerzenakazie gesäumt werden.

Obwohl besonders die Hände frieren, muß man sich mit einer Hand am Geländer festhalten und mit der anderen die Waffe sicher und schußbereit halten. Wehe, wenn die Optik einen Schlag abbekommt.

St. stoppt und zeigt auf ein rehgroßes Stück Wild, das kaum fünfzig Schritt vor uns abspringt und nach weiteren sechzig Schritt etwas in Deckung verhofft.

Es ist ein Steinbock, der bis zu dreizehn Kilo schwer und bis zu neun Jahre alt wird. Diese kleine Antilope kann lange Zeit ohne Wasser auskommen und drückt sich bei Gefahr oftmals in flache Mulden. Sie flieht nicht weit und verhofft oft, so daß man dann zu Schuß kommen kann.

„Jeder von Ihnen darf einen Steinbock erlegen!"

Diese kurze Einweisung ist selbst der sonst vertrauten Antilope nicht ganz geheuer, denn sie springt ins Dickicht ab.

Allmählich wärmen die Sonnenstrahlen den frierenden Körper. Plötzlich hält der Wagen und St. zeigt nach links auf einen zweiten, im Busch sichernden Steinbock.

W. und ich winken ab, doch K. geht in Anschlag. Leider zu spät, denn der Bock flüchtet in den dichteren Busch und wird so von den stacheligen Ästen gedeckt.

Also geht es weiter. Doch nach etwa zwei Kilometern verhofft auf neunzig Schritt wieder ein Steinbock und äugt zu uns. K. ist schon im Halbanschlag, und als der Bock sich etwas dreht und das Blatt freigibt, fällt der Schuß. Im Knall liegt die zierliche Antilope mit der rotbraunen Decke stark wie ein Schmalreh.

Auf unserem LKW können wir anschließend den Bock mit dem kaum handlangen spitzen Gehörn begutachten. Als besonderes Erkennungsmerkmal – vergleicht man ihn zum Beispiel mit dem Deuker, dem er in der Gestalt sehr ähnlich ist – hat der Steinbock einen schwarzen keilförmigen Fleck am Windfang. Dieser schwarze Keil zieht sich bis zu den Lichtern.

Je wärmer es wird, desto mehr Wild sehen wir auf beiden Seiten der Fahrspur. Mit hochgestelltem Pürzel flüchtet ein recht starkes Warzenschwein auf knapp siebzig Schritt über den Grasstreifen ins Unterholz.

Am Nachmittag bejagen wir den Nordteil der Farm, der vor allem mit Kerzenakazien bestockt ist. Dieser mannshohe Strauch hat eine graue Rinde und kräftige, gerade und leicht gekrümmte weiße Dornen, die bis zu zwei Zentimeter lang sind.

Die Sonne im Rücken, legen wir hinter einer überhöht liegenden Wasserstelle einen Beobachtungshalt ein.

„Dort auf achthundert Meter – einzelne, starke Oryx“, murmelt St. leise und zeigt halbrechts auf eine Baumgruppe von Kameldornakazien. Trotz intensiven Ableuchtens können wir Jagdgäste das Wild nicht erkennen.

Vorsichtig fährt der Jagdführer los und hält erneut nach dreihundert Schritt. Jetzt erkennen wir Teile der braunschwarzen Decke und die schwarzweiße Maske einer reglos stehenden Oryx.

Unter der ausladenden Krone eines Kameldorn – der Baum spendet Schatten und tarnt vorzüglich – ist das Wild nur mit dem geübten Auge erkennbar. Die halbmondförmigen, silbergrauen Früchte des Kameldorns werden vom Wild gern angenommen.

Noch ist es zum Schuß viel zu weit, doch alle sind gespannt, ob wir uns auf schußgerechte Entfernung heranarbeiten können. Nicht mit hohem Tempo, sondern mit langsamer Pirschfahrt will St. den Bullen über unsere wahren Absichten täuschen.

Fast sieht es so aus, als ob wir bis an die magische Marke dreihundert Meter weit herankommen, da zieht der Ersehnte in den niedrigen Busch. Weit ausholend versucht unser Fahrer, die Distanz zu verringern, doch der Bulle hat wohl die Gefahr erkannt und versucht, dichten Busch zu erreichen. Kurz bevor der Begehrte in einem Horst der Hakendornakazien verschwinden will, verhofft er und äugt zu uns.

W. und K. verzichten auf ihren Vorrang, denn die Schußentfernung von knapp dreihundert Schritt ist für beide Herren zu weit. St. schaut mich an und erwartet von mir, daß ich die Chance nütze.

Da ich die Sonne im Rücken habe, erscheint mir der Bulle recht groß und sehr deutlich, also nicht überaus weit. Fest ziehe ich den Kolben in die Schulter und als der Zielstachel den oberen Rand des Blattes erreicht, bricht der Schuß. Blitzartig bricht der Bulle im Feuer zusammen und ist in dem mannshohen Busch nicht mehr zu sehen.

St. hat sich die Richtung zum Anschuß genau gemerkt und fährt flott durch die dichten Rosenakazien. Mit quietschenden Bremsen hält der LKW und St. deutet nach links, wo auf sechzig Schritt der Beschossenen mit erhobenem Haupt hinter einem Dickbusch im Wundbett sitzt. Als die Schußbahn frei ist, erlöst mein Fangschuß auf den Träger den Schwerkranken.

Mit großer Freude trete ich an meine Beute heran. Mein Schuß sitzt eine Handbreit hinter dem Blatt – er hätte bei unserem europäischen Schalenwild sofort tödlich gewirkt. Vermutlich wäre der Bulle hier nach fünfzehn Minuten Zigarettenlänge auch verendet. Doch dieses afrikanische Wild ist eben viel härter als unser europäisches.

Glücklich nehme ich die starke Trophäe mit über neunzig Zentimetern Stangenlänge und guter Auslage in Besitz.

Mein Jagdführer ist zwar mit der Treffgenauigkeit meiner Waffe – auch auf weite Entfernung – zufrieden, doch die erforderliche Schockwirkung des Geschosses erscheint ihm nicht ausreichend. Meines Erachtens reicht die Schockwirkung für normales Wild aus, denn bei der Jagd auf Elch und Caribou hat dieses KS-Geschoß vom Kaliber 8 x 68 S mit 14,5 Gramm Gewicht hervorragend gewirkt.

Den anschließenden Abend verleben wir in fröhlicher Runde, denn die Jagdgöttin Diana hat uns Waidmannsheil für die Jagd auf Oryx und Steinbock beschert.

Am nächsten Vormittag beschießt W. aus einer ungünstigen Position einen starken Kudubullen. Pirschzeichen sind am Anschuß nicht zu finden. Erst nach einigen hundert Metern findet der schwarze Fährtensucher etwas undefinierbaren Schweiß, der über den Sitz der Kugel nichts aussagt. Bis zur Farmgrenze verfolgen St. und sein Fährtenleser mindestens fünf Kilometer weit die Wundfährte, doch leider ohne Erfolg.

In gedrückter Stimmung verleben wir den Abend, denn die Gefahr, daß der Beschossene von Schakalen angeschnitten wird oder wegen der Hitze verludert, ist ziemlich groß.

Nach einem Telefongespräch mit dem Farmnachbarn, der über die Lage informiert wird, bestimmt St., daß morgen in aller Früh die Nachsuche weiträumig fortgesetzt wird. Beim ersten Büchsenlicht am nächsten Morgen werden wir Jagdgäste an Weidezaunkreuzungen angestellt, um zu beobachten und notfalls den Fangschuß anzutragen. Trotz fünfstündiger Fährtensuche im benachbarten Revier finden St. und sein Gehilfe keine weiteren Pirschzeichen. Die mögliche Wundfährte verliert sich nach etwa zehn Kilometern in einem Gewirr von Kudufährten.

Ausgepumpt und durstig kommen St. und der Schwarze zum Jagdfahrzeug zurück. Nach kurzer schöpferischer Pause geht unsere Jagd weiter.

Ruckartig hält der Wagen und St. deutet nach rechts, wo auf knapp vierhundert Schritt ziemlich versteckt eine einzelne Oryx steht. Erstens ist sie noch zu weit entfernt und zweitens kann ich durch die dichten Äste nicht schießen. Noch ehe der Entschluß gefallen ist, wie wir näher an das Wild herankommen, zieht sie einen flachen Hang hinauf und verschwindet im Busch.

Allmählich wird es Abend. Auf hundertzwanzig Schritt zieht völlig vertraut ein Oryx-Kahlwildrudel über die Fahrschneise. Selbst das Motorengeräusch stört das Wild nicht.

Plötzlich biegt der Wagen scharf nach links ab, und mit einem Höllentempo geht es durch niedrigen Busch. Jetzt erkennen auch wir ein schwaches Rudel Oryx, das langsam nach Osten zieht.

Parallel zum Rudel geht die wilde Jagd zunächst weiter. Dann biegt der Wagen nach rechts ab, um dem Wild den Wechsel abzuschneiden. Doch das Rudel erkennt unsere Absicht und flüchtet im Bogen nach Norden.

St. fährt wie der Teufel durch Busch und Löcher. Ein Wunder, daß wir nicht schon längst von der Ladefläche geflogen sind. Ich staune, daß unser Wagen aufholt und wir langsam auf Schußentfernung herankommen.

Achtung, das Rudel verhofft, und sofort hält der LKW auf gut dreihundert Schritt.

„Zweiter von links, starker Bulle – schnell schießen", ruft St. aus dem Führerhaus.

Auf meine fragende Handbewegung hin schütteln beide Mitstreiter den Kopf. Also bin ich dran! Blitzschnell gehe ich auf dem Dach des Führerhauses in Anschlag, und schon fällt der Schuß.

Im Feuer bricht der Oryxbulle zusammen. Sofort wird repetiert, und langsam nähern wir uns schußbereit dem Beschossenen.

Nach bisheriger Erfahrung können wir mit einem Krellschuß wie mit dem schnellen Weiterziehen des Kranken rechnen. Ich lasse den Bullen keine Sekunde aus den Augen, doch er schlegelt nur ganz schwach mit den Hinterläufen.

Wie eine rote Warnlampe „leuchtet" bei mir die Erinnerung an ein Erlebnis auf der Farm Ch. auf. Vor neun Jahren hatte mir der erfahrene Farmer sehr anschaulich dargestellt, wie beschossene und im Wundbett liegende Oryx aktiv werden. B. schilderte, wie ein scheinbar verendeter Oryx einen deutschen Jagdgast im wahrsten Sinne des Wortes aufspießte, als dieser leichtfertig an das Wild herantrat. Doch mein Braver ist bereits verendet. Glücklich und freudestrahlend umfasse ich die starken gebogenen Stangen, eine wahrhaft stolze Trophäe.

Im Halbdunkel laden wir mit vereinten Kräften den auch im Wildbret starken Bullen auf den LKW. Beim Herausziehen des Wildkörpers müssen wir durch Dornenbüsche, die unsere Hände zerstechen und aufreißen. Doch was macht das?

Als glücklicher Erleger sitze ich neben meiner Beute und halte dem Bullen während der Heimfahrt die Totenwacht. Der afrikanische Sternenhimmel und die unbekannten Laute der Vögel erzeugen eine seltsame Stimmung. Kein Wort stört diese eigenartige Atmosphäre.

Selbst St. fährt langsam und sehr vorsichtig, als wolle er in der Nacht mit der bejagten Kreatur Frieden schließen. Ich halte Zwiesprache mit der Jagdgöttin, die mir erneut dieses Waidmannsheil so großzügig geschenkt hat.

Auf Elenantilopen und Warzenschweine im Raum Otavi

Bei strahlendem Sonnenschein fahren wir morgens in Windhuk ab. Unser Ziel ist B., die Farm meines Jagdführers, im Nordosten des Landes. Am frühen Nachmittag treffen wir auf der gepflegten Farm ein und werden hier von Heidrun, einer hübschen deutschen Studentin, freundlich begrüßt. Als Praktikantin der Landwirtschaft ist Heidrun hier Mädchen für alles.

Neben der Korrespondenz in Jagdangelegenheiten ist sie unter anderem für die wöchentliche Ausgabe der Verpflegung an die Schwarzen verantwortlich. Zusätzlich leistet sie auch noch erste Hilfe bei den verschiedensten Wehwehchen der Farmmannschaft. Der wöchentliche Großeinkauf von Naturalien und allem, was der Farmbetrieb benötigt, gehört ebenfalls zu ihrem Ressort.

St. weist mich kurz in seinen Herrschaftsbereich ein.

„Unsere Farm haben wir von meinen Schwiegereltern gepachtet. Sie ist 12.000 Hektar groß und wird vornehmlich als Rinderfarm bewirtschaftet. Außerdem spielt die Jagd eine Rolle, obwohl ich sehr behutsam in die Wildbestände eingreife. Der starke Bewuchs der Hakendornakazie auf dem Weideland macht uns sehr zu schaffen. Selbst durch das Abbrennen des Busches kann man diese Plage nur für kurze Zeit bekämpfen, denn die Wurzeln dieser Akazien überstehen das Feuer und schlagen immer wieder aus!“

Nach dem Kaffee fahren St. und ich zur ersten Erkundung in sein großes Revier. Ein schwaches Rudel Kudus und mehrere Warzenschweine kreuzen flüchtig unsere Fahrspur.

Auffallend sind die mustergültigen Einzäunungen und die Wasserstellen, die mit Hilfe von Windmotoren betrieben werden.

Um die Zeit bis zum Ende des Büchsenlichtes zu nützen, werde ich auf einen Hochsitz in der Nähe eines Viehkrals gesetzt. Von hier habe ich mindestens zweihundertfünfzig Schritt gute Sicht ringsum bis zum dichten Busch.

Schon nach kurzer Zeit nähert sich ein starkes Volk Perlhühner einem kleinen Wassertümpel. Das staffelweise Vorgehen dieser vorsichtigen Vögel fällt mir auf. Offensichtlich rechnen sie ständig mit irgendeiner Bedrohung.

Halblinks von mir sticht recht unbekümmert ein Stachelschwein nach Kerfen, Termiten oder Vogeleiern. Anscheinend ist sich dieses hübsche schwarzweiße Tier seiner Wehrhaftigkeit bewußt.

Außerhalb der Büchsenschußweite erkenne ich im Fernglas im dichten Gebüsch drei Kudus, die sich sehr langsam der Wasserstelle nähern. In jugendlicher Unbekümmertheit erscheint zuerst das Kalb. Dann folgt, schon erheblich vorsichtiger, ein Schmaltier und zuletzt zieht ein Alttier, oftmals aufwerfend und windend, hinterher. Sehr genau kann ich den mißtrauischen Ausdruck in seinem griesgrämigen Gesicht erkennen.

Plötzlich fallen mit viel Getöse mindestens ein Dutzend Riesenglanzstare am Wasser ein. Diese auffallend lärmenden Vögel, die unseren Staren ähnlich sind, haben ein blaugrünes Gefieder, das im Sonnenlicht purpurglänzend leuchtet. Zunächst suchen sie wieselflink nach Insekten, sichern ganz kurz am Wasser, trinken schnell und streichen geräuschvoll ab.

Beim letzten Büchsenlicht schnürt auf knapp achtzig Schritt ein Schabrackenschakal durch den niedrigen Busch. Dieser vielseitige Jäger ernährt sich vorwiegend von Beeren, Knollen und Insekten. Er fängt auch junge Tiere. Im starken Rudel jedoch vertilgt er im Laufe einer Nacht sogar einen ausgewachsenen Kudu, wenn dieser vor Altersschwäche, oder weil er krankgeschossen wurde, wehrlos ist.

Mein Jagdinstinkt sagt: „Schießen!" Doch die Vernunft mahnt, bis zur völligen Dunkelheit zu warten. Denn Elenantilopen ziehen erst bei letztem Büchsenlicht oder bei Dunkelheit zu den Wasserstellen. Deshalb wäre es falsch, durch einen Schuß auf den Schakal das Großwild zu vergrämen.

Bei völliger Dunkelheit werde ich abgeholt. Im Schweinwerferlicht erkennen wir mehrere Kudus, die elegant über die Weidezäune setzen. St. erklärt mir, daß der Vollmond seinen letzten Jagdgästen Waidmannsheil beschert hat. Da wir jedoch in den nächsten Tagen überhaupt kein Mondlicht zu erwarten haben, müssen wir tagsüber vom Morgengrauen bis zur Abenddämmerung auf den Beinen sein, um die Chancen zu nützen.

Nach dem Abendessen kann ich in aller Ruhe das stilvoll eingerichete Jagdzimmer, das mit afrikanischen Trophäen bestückt ist, bewundern. Neben den außerordentlich starken Gehörnen, zum Beispiel von Elenantilopen, vom Kudu, Oryx, Hartebeest, Impala, Springbock und Bleßbock, fallen mir besonders die gewaltigen Helme der Kaffernbüffel und die kapitalen Keilerwaffen auf. St. hat vor seiner Farmer- und Berufsjägerzeit in den Nachbarländern von Südwest – in Angola, Sambia, Simbabwe, Mozambique sowie Südafrika – als Jagdführer gearbeitet und dadurch jagdlich viel erlebt.

Am nächsten Morgen geht es schon sehr früh – wir sind ausreichend mit Verpflegung und Getränken versehen – in einen anderen Revierteil. Als die ersten Sonnenstrahlen im Osten über dem Buschland aufgehen, werde ich in der Nähe eines Hochsitzes abgesetzt.

Zuerst gilt es, die Umgebung abzufährten. Frische Antilopenfährten und die noch warme Losung dieser gewaltigen Wildrinder sind schnell gefunden. Die Chancen scheinen hier also recht günstig zu sein. Vom hohen Sitz neben dem Windmotor, der mir von Zeit zu Zeit durch sein Knarren und Rauschen die Zeit vertreibt, kann ich ringsum gut beobachten.

Zunächst wärmt die Sonne recht angenehm, doch gegen Mittag haben wir sicherlich über dreißig Grad Hitze, aber bei fünfzehn bis zwanzig Prozent Luftfeuchtigkeit ist diese Temperatur einigermaßen zu ertragen.

Ein braungesprenkelter Vogel mit weißer Unterseite – er ist etwa so groß wie ein Buntspecht – fliegt plump und unelegant über die Büsche. Es ist ein Toko. Als besonderes Kennzeichen hat er einen großen, roten Schnabel, der stark und gebogen ist.

Nach jedem Flügelschlag schwebt er und gibt einen pfeifenden Ton von sich. Interessant sind beim Toko besonders die Brutgewohnheiten. Während der Brutzeit wird das Weibchen in die Nisthöhle eingemauert. Während dieser Zeit füttert das Männchen das Weibchen durch einen schmalen Spalt in der Nisthöhlenwand. Auch die Jungen werden in den ersten Wochen nach dem Schlüpfen vom Vater gefüttert. Während seiner freiwilligen Gefangenschaft verliert das Weibchen alle Flügel- und Stoßfedern und nimmt an Gewicht erheblich zu.

Am frühen Nachmittag trollen eine Bache und zwei schwache Frischlinge im weiten Bogen an meinem Hochsitz vorbei. Sie holen sich Wind. Grunzend und nach allen Seiten sichernd, läßt sie zuerst die Frischlinge ans kostbare Naß, bevor sie selbst Wasser schöpft. Die ganze Prozedur am Rinnsal hat nur ein paar Minuten gedauert, und schon ist die Rotte mit hohem Pürzel im Busch verschwunden.

Unterdessen ist es später Nachmittag geworden. Das harte Sitzbrett verursacht nach über sechs Stunden Ansitz doch ein unangenehmes Ziehen in den Muskeln.

Im rechten Blickwinkel erkenne ich, noch von Büschen teilweise gedeckt, einen etwa einen Meter großen Vogel. An der Brust ist er hellbraungesprenkelt, und am Hals ist das Gefieder quergestellt.

Es ist eine Riesentrappe, die durch ihren hohen Wuchs und ihre Färbung gut von der kleineren Gackeltrappe zu unterscheiden ist. Sie schreitet mit langen Schritten schnell über offene Stellen und vermeidet möglichst den dichten Busch. Nur bei Gefahr fliegt dieser große Vogel. Dabei erweckt er durch seine starken rhythmischen Flügelschläge den Eindruck, große Kraft zu besitzen. Seine Nahrung ist abwechslungsreich. Neben Insekten und Samen vertilgt er auch kleine Säugetiere und Reptilien. Genauso unauffällig wie sie erschienen ist, verschwindet die Riesentrappe im Busch.

Inzwischen ist es Abend geworden. Die Hitze hat erheblich nachgelassen, und ich beobachte sehr konzentriert das Vorfeld ringsum. Ich stelle mich im Geiste auf das Anwechseln der Elenantilope ein.

Völlig überraschend fällt ein starker Flug Tauben mit klatschendem Flügelschlag am Rand des Rinnsals ein. Nach eingehender Begutachtung kann ich diese Vögel als Namaflughühner ansprechen. Sie sind so groß wie Turteltauben und haben eine graublaue Tarnfarbe. Die Täuber haben auf der Brust einen Querstreifen. Mit hellen Rufen und starken Flügelschlägen laufen sie zum Wasser. Interessant ist, daß die Täuber die Brustfedern ins Wasser tauchen und so Feuchtigkeit aufnehmen, um die Jungen im fernen Nest damit versorgen zu können.

Kurz darauf ist es völlig dunkel, und ich werde von Heidrun mit dem Wagen abgeholt. Für morgen plant mein Jagdführer Pirsch und Ansitz auf dem Gelände der Nachbarfarm.

Nach erfolgloser Pirschfahrt am nächsten Vormittag fährt mich St. gegen fünfzehn Uhr in den bergigen Revierteil des Nachbarn. An einem Wechsel in der Nähe einer Wasserstelle werde ich abgesetzt. Nach der obligaten Prüfung des Windes mit dem bewährten Pustefix suche ich zwischen zwei Büschen Deckung und schneide mir Schußfeld Richtung Wildwechsel.

Sehr bald huschen ein Dutzend Frankoline, die mit ihrem dunkelbraunen Gefieder etwas Ähnlichkeit mit unseren Rebhühnern haben, zur Wasserstelle.

Obwohl ich das Vorfeld sehr aufmerksam beobachte, steht plötzlich – wie hingezaubert – ein Warzenschwein auf achtzig Schritt vor mir. Im Glas erkenne ich neben dem starken weißen Bart schwache Waffen. Offensichtlich ist es eine ältere Bache. Nach kurzem Verhoffen trollt das Stück weiter und verschwindet im Dickbusch.

Langsam sinkt die Sonne, und in einer halben Stunde wird das Büchsenlicht schwinden.

Aufgepaßt, jetzt kommt die Zeit der Elenantilopen und der starken Keiler.

Ist das ein Schwein oder ein Schattenfleck? Mit der schußbereiten Waffe auf den Knien nehme ich mehrmals das lichtstarke Fernglas hoch. Doch ich kann diesen Fleck nicht ansprechen.

Da, des Rätsels Lösung! Eine starke Sau trollt Richtung Tümpel.

Den Repetierer hoch und mitgezogen. Im Zielfernrohr sehe ich an der rechten Gebrechseite eine starke Waffe. Äste verdecken einen Teil des Wildkörpers, so daß ich keinen Pinsel erkennen kann. Und als der Zielstachel kurz hinter dem Blatt steht, bricht der Schuß.

Ohne zu zeichnen, springt die Sau ab. Nach zehn Minuten gehe ich schußbereit zum Anschuß, den ich mir neben einem großen Stein gut gemerkt habe. Doch weder Eingriffe noch Schweiß sind zu finden.

Kurz bevor das Büchsenlicht schwindet, kommt St. mit einem Schwarzen, um den Erfolg zu begutachten. Während ich dem Jagdführer kurz den Hergang schildere, untersucht der Fährtenleser den Anschuß und folgt der Fluchtfährte.

„Mister, Mister, hier Schwein", hören wir den Schwarzen rufen.

Mindestens hundert Schritt vom Anschuß entfernt liegt eine starke Bache – sie ist längst verendet. Der Schuß sitzt genau hinter dem Blatt. Ein Bilderbuchschuß, wie er in jedem Lehrbuch bei uns beschrieben wird! Der Ausschuß ist nur klein.

St. schätzt die alte, nichtführende Bache auf sieben bis acht Jahre. Leider ist das linke Gewehr abgebrochen. Doch ich bin trotzdem mit der Trophäe zufrieden.

In den nächsten Tagen sitze ich manchmal bis zu zehn Stunden in den verschiedenen Revierteilen an. Doch außer Kudus, schwächeren Warzenschweinen und ein paar Schakalen sehe ich kein Wild.

Unerwartet ruft Farmer Sch. uns telefonisch an: „Kommen Sie heute um fünfzehn Uhr zu mir, dann werde ich Sie auf Elenantilopen führen!"

Erfreut nehme ich die Einladung an und bin pünktlich auf seiner Farm, wo er bereits mit seinen beiden Glatthaarfoxterriern auf mich wartet. Die Revierfahrt geht halsbrecherisch über Geröllhalden und terrassenförmige Böschungen. An einem Höhenzug, der mit Dickbusch bestanden ist, lassen wir den LKW stehen. Entlang eines Höhenrückens legen wir immer wieder Beobachtungshalte ein. Die schweren Elenantilopen mit graubraunen Decken fallen trotz ihrer Ausmaße im Dickbusch kaum auf.

Halt, gab es da eine Bewegung? Sch. hebt die Hand und ich gehe in Voranschlag. Plötzlich trampelt auf kaum sechzig Schritt ein großer grauer Wildkörper durch den Busch. Trotz der geringen Entfernung kann ich das Wild nicht ansprechen. Ein gezielter Schuß ist bei diesem dichten Gestrüpp und dem schnellen Abspringen ebenfalls nicht möglich.

Eine leise Pirsch ist bei diesem steilen und steinigen Gelände ausgeschlossen. Immer wieder behindern die dichten Büsche der Hakendornakazie die Sicht, so daß wir ständig mit Wild auf kurze Entfernung rechnen müssen.

Noch zweimal können wir auf der anderen Seite des Höhenrückens auf etwa fünfhundert Schritt ein Rudel Elenantilopen sichten, doch wir kommen nicht auf annehmbare Schußentfernung heran. Es ist schon erstaunlich, wie sich dieses starke Wild in den Senken und hinter Büschen drückt. Dieses Verhalten erinnert mich an das Elchwild auf der Kurischen Nehrung wie an jenes in Norwegen, Finnland und Kanada.

Verschwitzt und von der Hitze ermüdet brechen wir die Pirsch ab, denn bis zum Abendansitz haben wir noch eine knappe Stunde. An einem Elenantilopenwechsel in der Nähe einer Wasserstelle beziehen wir einen gedeckten Posten.

Kurz nach 18.30 Uhr geht allmählich die Sonne unter. Jetzt sind es nur noch gut zehn Minuten, bis das Büchsenlicht endgültig verschwindet. Wir beobachten und lauschen angestrengt in Richtung des vermeintlichen Wildwechsels.

Sch. stößt mich kurz an und deutet nach rechts. Doch trotz erheblicher Anstrengung kann ich Wild weder sehen noch vernehmen. Mein Pirschführer macht die Bewegung des Bartstreichens. Also aufgepaßt: „Sau im Anmarsch!“

Auf einem Stein sitzend habe ich das Gewehr schon am Kopf, als plötzlich – wie aus dem Boden gestampft – eine starke Sau rechts von einem Busch verhofft. Sch. zupft mich am Ärmel. Doch ich habe das Ziel bereits erfaßt. Und als der Zielstachel ins Leben zeigt, krümme ich den Abzug.

Trotz Mündungsfeuer kann ich eine gewaltige Flucht der Sau erkennen. Dann kracht es im Unterholz, und kurz darauf herrscht Stille. Die beiden Terrier starten nach dem Schuß mit wildem Hetzlaut Richtung Fluchtfährte. Dann ertönt bissiges Knurren der beiden Racker.

„Sie haben ihn", murmelt Sch.

Trotz stark stechender Dornenbüsche tasten wir uns in der Dunkelheit zum Hundelaut vor. Im Streichholzlicht sehen wir ein komisches Bild. Eine Hündin hat sich im Wurf verbissen und zieht nach vorn. Inzwischen hat die andere den Pürzel fest im Fang und zieht nach hinten. Bei etwa achtzig Kilo Wildgewicht rührt sich natürlich – trotz aller Anstrengungen – nichts. Vor uns liegt ein starker Keiler mit sehr guten Waffen. Leider ist ein Drittel des rechten Gewehres abgebrochen.

Der starke Durst wird auf der Farm Sch. mit kühlem Bier gestillt, bis mich St. abholt. In B. wird der brave Basse mit gutem Rotwein vorschriftsmäßig und ausgiebig totgetrunken.

Bevor ich einschlafe, danke ich der Jagdgöttin für mein Waidmannsheil.

Noch zwei Tage pirsche ich mit Sch. auf Elenantilopen, doch die Jagdgöttin ist mir im Augenblick nicht gewogen.

Nun wird die Zeit allmählich knapp. Spätestens in drei Tagen will ich – wie vereinbart – bei meinen ostpreußischen Landsleuten in Otavi sein. Denn nach der Jagd möchte ich unter kundiger Führung noch eine Woche lang Land und Leute in Südwest kennenlernen.

Erneut pirsche ich mit Sch. in seinem herrlichen Bergrevier, doch ich komme auf Elenantilopen nicht zu Schuß.

Nochmals sitzen wir ab achtzehn Uhr an einem Viehkral an. Hier soll ein Elenantilopenwechsel vorbeiführen und ein starker Keiler seine Fährte ziehen.

Wir wollen schon aufgeben, weil es fast dunkel geworden ist. Da steht plötzlich rechts vom Viehzaun eine starke Sau.

Im Schuß macht das Stück eine gewaltig hohe Flucht und überschlägt sich. Bis wir an die Beute herankommen, ist der Keiler am Anschuß schon längst verendet. Die starken Waffen lassen mein Jägerherz höherschlagen, auch wenn das rechte Gewehr zur Hälfte abgebrochen ist.

Morgen ist mein letzter Jagdtag, also heißt es die Daumen drücken! Schon recht früh fahren St. und ich zur Pirsch hinaus, doch Elenantilopen sehen wir an diesem Vormittag nicht.

Am frühen Nachmittag – bei brütender Hitze – starten wir in das Revier Sch., um an einem See anzusitzen. Der zweckmäßig angelegte und gut getarnte Erdsitz steht am Böschungsrand; von dort aus haben wir gute Beobachtungs- und Wirkungsmöglichkeiten nach drei Seiten hin. Ein etwa zweihundert Meter breiter Sandstreifen umgibt das zwei Hektar große Gewässer; unmittelbar dahinter steht ein hoher dichter Dickbusch.

Völlig reglos sitzen St. und ich schon einige Stunden im Erdsitz. Die enorme Hitze und der fehlende Schatten machen mir sehr zu schaffen. Trotz meines breitrandigen Hutes und der vielen Flüssigkeit, die ich zu mir nehme, schwitze ich stark.

Habe ich schon einen Sonnenstich? In meinem Traum bade ich im Kurischen Haff und trinke kaltes Warsteiner Bier. Verflixt, ich bin einfach eingeschlafen! Erst als mich St. anstößt, merke ich, daß ich im afrikanischen Busch sitze und von der weit entfernten Heimat träume.

Mit hohem Pürzel nähern sich – immer wieder sichernd – dem See eine starke Bache mit einem Frischling. Schnell schöpfen sie Wasser und verschwinden im Dickicht.

Ein Blick auf die Uhr zeigt uns, daß wir noch eine knappe Stunde Büchsenlicht haben. Halbrechts von uns tritt sehr vorsichtig ein Rudel Kudus aus dem schützenden Dickicht. Sechs führende Stücke mit Kälbern und zwei Schmaltiere ziehen zum See.

Von links schnürt ein Schakal – immer wieder sichernd – ans Wasser und umrundet weiterhin das Gewässer. Auf der gegenüberliegenden Seite zieht langsam ein sehr starker Kudubulle zum Ufer.

Das ist ja eine interessante Trophäe. Das rechte Horn hat eine Länge von mindestens ein Meter vierzig, das linke hingegen ist im oberen Drittel abgebrochen. Offenbar ein alter Kämpfer.

Rechts in der Mulde trollt ein starker Keiler mit außergewöhnlich langen Waffen zum See. Bei diesem guten Anblick haben wir fast den Sonnenuntergang übersehen. Das Büchsenlicht reicht noch knapp zehn Minuten, und dann heißt es für mich: „Jagd vorbei!" Meine Jagdpassion befiehlt mir: „Schieß schnell den starken Keiler, dann bist du nicht umsonst angesessen."

Doch ich habe ja noch einen Jagdführer bei mir, der darüber zu entscheiden hat. Und dem will ich natürlich nicht eingestehen, daß mich das Jagdfieber ziemlich „beutelt".

St. beobachtet immer wieder das Vorfeld des Sees. Die Spannung ist fast körperlich spürbar. Während wir noch hoffen und harren, zieht links von uns ein guter, jedoch noch junger Kudubulle zum Ufer. Gebannt starrt St. auf den Dickbusch halbrechts auf der Anhöhe.

„Jetzt kommen sie", murmelt er fast lautlos. Mein gutes Fernglas zeigt mir kein Wild. Bin ich denn plötzlich blind geworden?

„Drei Antilopenbullen stehen noch am Buschrand!"

„Wie weit etwa?" frage ich.

„Noch mindestens dreihundertfünfzig Schritt. Erst wenn das Rudel bis zur Mitte der Mulde zieht, kannst du schießen!"

Inzwischen kann ich die drei Bullen verschwommen und undeutlich erkennen. Ein Ansprechen der Trophäe ist völlig unmöglich. Doch dafür werde ich ja von einem erfahrenen Jagdführer geführt.

„Fertigmachen, jetzt ziehen sie in die Mulde. Schieß den linken Bullen, er ist der stärkste!"

Mit meinem bewährten Zeiss-Diavari mit sechsfacher Vergrößerung versuche ich, Ziel zu fassen. Das Absehen ist nur unscharf zu erkennen, und der große Wildkörper verschwimmt im Gesichtsfeld. Es ist schon ziemlich dunkel, allerletztes Büchsenlicht.

St. rutscht auf dem Sitzbrett hin und her. Er ist sichtlich nervös. Mit aller Kraft reiße ich mich zusammen, denn es muß klappen! Ich habe das Ziel hochblatt erfaßt, und schon peitscht der Schuß durch die Nacht.

Vom Mündungsfeuer geblendet kann ich weder Abkommen

noch Schußzeichen melden. Wie ein Geist taucht plötzlich Lazerus, der schwarze Fahrer und Fährtenleser, neben unserem Erdsitz auf.

„Mister, zwei Schuß", sagt er leise zu St.

„Er hat den Kugelschlag gehört", erklärt mir der Jagdführer.

Natürlich will ich wenigstens eine Zigarettenlänge warten, damit das Wild nicht unnötig aufgemüdet wird, wenn es im Wundbett sitzt.

„Wir müssen sofort nachsuchen, denn wenn die Schakale den Beschossenen finden, ist bis morgen früh nicht mehr viel übrig. Außerdem ist es nachts schon so warm, daß das Wildbret leicht verhitzen kann!"

Schnell umfahren wir einen Graben, um in Richtung Anschuß zu gelangen. Im Scheinwerferlicht sehen das graue Buschwerk und der rote Sand gespenstisch aus.

Am vermeintlichen Anschuß untersuchen St. und Lazerus den Erdboden nach Pirschzeichen. In diesem Gewirr von Fährten und bei diesem schlechten Licht kann ich nichts unterscheiden. Nachdem die freie Fläche abgesucht worden war, dringen der Jagdführer und sein Helfer in den mit Busch bestandenen Höhenzug vor. Mir scheint das ganze Nachtunternehmen sehr zweifelhaft. Bei dieser Nachsuche komme ich mir völlig überflüssig vor, weil ich unter anderem keine Taschenlampe bei mir habe und ständig von sich festhakenden oder stechenden Dornen gequält werde.

Nach über zwei Stunden wird die Suche erfolglos abgebrochen.

Müde und deprimiert unterrichten wir auf der Heimfahrt Farmer Sch. von der Lage. Morgen früh soll bei Beginn des Büchsenlichtes die Nachsuche mit verstärkten Kräften fortgesetzt werden.

Obwohl ich hundemüde bin, kann ich nicht schlafen. Immer wieder suchen mich die seltsamsten Bilder heim. Einmal ist es ein Dutzend Schakale, das sich auf den Todwunden stürzt und ihn fürchterlich zerfleischt. Dann wieder schneidet eine Rotte Sauen den bereits Verendeten an.

Das Frühstück verläuft schweigsam. Es schmeckt mir gar nicht. Die Fahrt zum Anschuß scheint mir heute unendlich lang zu dauern.

Ein Blick auf die Ladefläche zeigt mir, wie die vier Schwarzen sich regelrecht in ihre braunen Militärmäntel verkriechen. Es ist morgens doch noch recht kalt.

Kurz vor Sonnenaufgang sind wir am Anschuß. Und zwanzig Minuten später findet ein Fährtenleser einen Tropfen blasigen Schweiß im Sand. Also muß die Kugel Leben gefaßt haben.

Das gibt allen einen Auftrieb. Man spürt richtig, wie die Schwarzen jetzt mit Feuereifer bei der Suche sind. Ich selbst folge Lazerus, dem erfahrensten Fährtenleser der Farm. In gebückter Haltung und oftmals knieend buchstabiert er wie ein guter Schweißhund die Wundfährte. Als Hundeführer überlege ich mir, wie mein DD-Rüde in dieser Situation arbeiten würde, denn Verleitfährten gibt es reichlich. Allmählich wärmt uns die Sonne und plötzlich ruft Lazerus: „Mister, Mister – Antilope", und zeigt nach rechts.

Mit langen Sätzen folge ich dem Schwarzen, der wie ein Wiesel durch den Busch läuft. Vor einem riesigen blaugrauen Wildkörper bleiben wir stehen.

Das ist ja ein gewaltiges Tier. Bis jetzt habe ich dieses Wildrind noch nicht aus nächster Nähe gesehen.

Ich freue mich sehr, daß Diana mir dieses großartige Waidmannsheil beschert hat. Daß das Wildbret nicht angeschnitten und verhitzt ist, freut mich ebenfalls, denn etwa zwölf bis fünfzehn Zentner verludern zu lassen, wäre doch furchtbar.

Immer wieder fasse ich die gute Trophäe des mittelalten Bullen an, der wie ein gefällter Riese im Busch ruht. Ich kann es kaum fassen, daß ich buchstäblich in letzter Minute noch zu einem Erfolg gekommen bin.

Bei aller Aufregung habe ich den Fotoapparat für ein Erinnerungsfoto vergessen. Doch das ist unwichtig, denn dieses Bild an Urwüchsigkeit werde ich mein Leben lang nicht vergessen. Nur langsam klingt meine innere Erregung ab. Herzlich drückt mir St. die Hand und ist plötzlich sehr zufrieden und ausgeglichen. Mit seiner Mannschaft rückt er zum Fahrzeug ab, denn es muß noch eine Fahrschneise durch den Busch geschlagen werden, um hier das Wildbret aufzuladen.

Nun bin ich allein. Ein paar Vögel können meine Totenwacht nicht stören. Glücklich sitze ich neben meiner Beute und betrachte immer wieder dieses urige Wild. Die Sonne wärmt angenehm den Körper, und die Welt ist wieder heil und herrlich.

Damit ist meine diesjährige Jagd im herrlichen Südwestafrika beendet. Mein Dank gilt besonders meinem Jagdführer Fritz Stolzenberg, der die Jagdreise hervorragend organisiert und mich sehr erfolgreich geführt hat.

Mit sechs Antilopen und drei Warzenschweinen habe ich unter den verschiedensten Jagdbedingungen und in interessanten Jagdrevieren des Landes viel Waidmannsheil gehabt. Außerdem freue ich mich, daß trotz anfänglicher Tiefschüsse kein Stück Wild, das von mir beschossen wurde, verloren ging.

Am nächsten Morgen fahre ich nach Otavi. Hier genieße ich bei meinen ostpreußischen Landsleuten Albat eine Woche lang großartige Gastfreundschaft. Ich kann hier von Land und Leuten viele Eindrücke gewinnen.

Braungebrannt und glücklich steige ich nach insgesamt drei Wochen Urlaub in das Flugzeug Richtung Deutschland. Meinen Freunden und Landsleuten, die mich bis zum Flugplatz begleiten, sage ich aus voller Überzeugung: „Herzlichen Dank für alles. Ich komme bestimmt wieder!“

Und kommst du selber in unser Land
und hast seine Weiten geseh'n,
und hat uns're Sonne ins Herz dir gebrannt,
dann kannst du nicht wieder gehn.
Und sollte man dich fragen:
Was hält dich denn hier fest?
Du könntest nur sagen:
Ich liebe Südwest!

Statt eines Nachwortes

„Solange noch die Hirsche schrei'n
und unsere Wälder rauschen,
solange ich noch jagen kann,
möcht' ich mit keinem tauschen!“

Bildnachweis

Sämtliche Abbildungen (von Günther Neuber, Dr. E. G. Kleemann, Jürgen Flasskämper) wurden dem Verlag freundlicherweise vom Autor zur Verfügung gestellt.